Andreas Möller

Zwischen Bullerbü und Tierfabrik

Warum wir einen anderen Blick
auf die Landwirtschaft brauchen

Für Silke,
die am liebsten bio kauft

»Bauer sein ist ein hartes, oft undankbares Geschäft. Kaum eine Arbeit hängt derart von den Launen der Natur ab, kaum irgendwo liegen die Freude über üppige Felder und der Frust über eine vernichtete Ernte so nah beieinander. Ein kräftiges Gewitter, ein heftiger Frost kann Existenzen vernichten. Mit diesem Risiko leben Menschen, die selten nach acht Stunden Feierabend haben und notfalls sonntags auf dem Traktor sitzen, bevor das Wetter umschlägt. Die meisten von ihnen machen das sogar gerne.

Und Bauern kriegen einiges ab. Denn wohin sich die deutsche Landwirtschaft entwickelt, passt nicht recht in das romantische Bild, das viele von ihr haben. Die Höfe werden größer und mit ihnen die Maschinen; die Pflanzenschutzmittel werden raffinierter und mit ihnen das Saatgut. Die Kundschaft schüttelt den Kopf, trägt ihr Geld aber unverdrossen zum Discounter. Bäuerliche regionale Landwirtschaft hat so kaum eine Chance. In der Kritik an einer industriellen, naturabgewandten Landwirtschaft sind sich die meisten Verbraucher trotzdem einig.«

(Michael Bauchmüller: Erntedank,
Süddeutsche Zeitung, 23. August 2017)

INHALT

Dieses Buch ist ein Abenteuer, vielleicht ein Wagnis. Denn ich bin kein Landwirt oder sonst wie mit der Landwirtschaft verbunden. Ich gehöre zu den 98,6 Prozent der Bevölkerung, die beruflich etwas anderes tun. Ich bin einer von denen, die in den Supermarkt gehen und abgepacktes Gemüse kaufen. Und die Tiere nur dann töten und ausnehmen, wenn ich Glück beim Angeln hatte. Das ist dann eine große Sache, die meine Kinder in helle Aufregung versetzt. Und uns fast andächtig auf das gebratene Stück Fisch blicken lässt, das vor uns auf den Tellern liegt!

Aber ich beschäftige mich von Berufs wegen mit der Akzeptanz von Wissenschaft, Technik und Industrie. Heute leite ich den Kommunikationsbereich eines Familienunternehmens im Maschinenbau, in dem Fragen von Nachhaltigkeit im Umgang mit Kunden, Mitarbeitern und Gesellschaft einen besonderen Stellenwert einnehmen. Die Werte-Debatte in Wirtschaft und Öffentlichkeit ist mir darum vertraut. Ebenso die Forderung nach einem ökologischen Richtungswechsel, die seit einiger Zeit mit dem Zusatz »Wende« bekräftigt wird, was für mich jedes Mal wie »1989« klingt: Energiewende, Verkehrswende, Klimawende, Textilwende, Ernährungswende – Agrarwende.

Glaubt man diesen Schlagworten, müssen wir an immer mehr Stellen unseres Lebens einen falschen Weg korrigieren. Ich bin da skeptisch. Und das nicht nur, weil ich alles in allem ein positives Bild von der Gegenwart habe. Sondern weil es bei der Suche nach Alternativen der Verbraucher bedarf. Nur wenn möglichst viele Verbraucher mitmachen, können gute Ideen in der Praxis ihre Wirkung entfalten.

Aber: Tun wir dies auch, zumindest der übergroße Teil von uns? Die Rekordumsätze von Volkswagen trotz der Debatte um Abgasmanipulationen oder der Datenskandal bei Facebook im Frühjahr 2018, dem kein nennenswerter Einbruch bei den User-Zahlen folgte, zeigen eher das Gegenteil. Mit der Landwirtschaft ist das nicht anders: Ihre Produkte werden massenweise gekauft, obwohl man öffentlich mehr hart als herzlich mit den Bauern ins Gericht geht.

Der Volksmund sagt, dass wir immer dann viele Worte machen, wenn wir uns einer Sache nicht sicher sind. Ein Grund dafür, warum derzeit so viel von »Wende« die Rede ist, könnte darin liegen, dass wir alle diese innere Zerrissenheit spüren: Einerseits wünschen wir uns mehr Verantwortung für Klima, Pflanzen und Tiere. Andererseits möchten wir auf nichts verzichten. Eine Wende ist leicht gefordert. Wer aber ist wirklich bereit und dazu in der Lage, entscheidend mehr für Lebensmittel zu zahlen? Sich von saisonalem Obst und Gemüse statt von günstigem Fleisch und Südfrüchten zu ernähren? Einschränkungen bei Mobilität, Rohstoffen und vielen anderen Dingen zu akzeptieren?

Landwirtschaft und Erinnerung

Ungeachtet meiner städtischen Biografie habe ich mich immer für das Land begeistert. Bereits als Kind verspürte ich ein Kribbeln, wenn wir raus aus der Stadt und vorbei an endlosen Feldern fuhren. Wenn ich später auf dem Steg saß und angelte, war auch dort Landwirtschaft – und keine unberührte Natur. Mochten die Barsche in einem Meter Wassertiefe auch seelenruhig um den Angelhaken kreisen: Über dem Wasser waren die Mähdrescher zu hören, die bis spätnachts auf den Feldern arbeiteten. Und deren Dröhnen man mit in den Schlaf nahm. Genau wie das Schlagen der alten Kirchturmuhr.

Das Bullerbü meiner Kindheit lag an einem Mecklenburger See, der über einen schmalen Kanal mit einem anderen, noch größeren verbunden war. Wollte man dorthin, musste man mit dem Ruderboot durch Schwärme von Insekten. Neben fadenbeinigen Schnaken und handgroßen Libellen gab es dort Unmengen von Kuhbremsen. Und ich muss wieder an sie denken, wenn wir darüber diskutieren, welchen Einfluss die Landwirtschaft auf das Verschwinden einiger Insektenarten haben könnte und dazu »Windschutzscheiben-Tests« bemühen. Werden die »Flies on the windscreen« einmal der Erinnerung angehören, wie es in einem Song meiner damaligen Lieblingsband Depeche Mode heißt?

Wir haben uns als Kinder nie für solche Dinge interessiert, den Zusammenhang von Lebensräumen und Insekten. Wir hassten die Bremsen, deren Stiche dicke Schwellungen am Hals und auf den Armen hinterließen. Wir wollten möglichst schnell auf den großen See und waren froh, wenn wir ihrem Blutdurst entkommen waren. Heute befällt mich jedoch ein eigenartiges Gefühl, wenn ein Stück der eigenen Biografie im Lichte aktueller Themen neu erscheint. Hätte man die Welt, wie sie war, anders wertschätzen müssen? Ist etwas *durch uns* unwiederbringlich verloren, wie viele Medienberichte dieser Tage behaupten?

Zu den Erinnerungen an diese Zeit gehört auch ein riesiger schwarzer Bulle, der angepflockt am Ufer stand. Mein Kumpel Gunnar und ich bewarfen ihn vom Boot aus mit Kletten und hofften, dass er sich nicht losriss. Und mir kommen die überdüngten Böden in den Sinn, die unseren See in etlichen Sommern »umkippen« ließen.

Ich verstand als Zehnjähriger noch nichts von Ökologie, wer tut das in dem Alter schon. Aber ich begriff als Angler so viel, dass an den nach Luft schnappenden Plötzen und Brachsen die nahegelegene LPG schuld war. Sie ging – wir schreiben das Jahr 1984, als die DDR die Olympischen Spiele von Los Angeles boykottierte – nicht gerade zimperlich mit unserem See um. Weil sie einen Plan zu erfüllen hatte, der keine Rücksichtnahme gegenüber der Natur kannte. Und weil an diesem Plan Prämien und Präsentkörbe mit Wurst und Radeberger Bier hingen.

An den modernen Lagerfeuern

Mehr als dreißig Jahre später hat sich im Vergleich zu damals zumindest eines nicht geändert: Das Land ist noch immer eine von uns Städtern hoffnungslos romantisierte Sache. Sobald wir die Stadtgrenze überqueren, unterstellen wir eine Art Gegenwelt zu den Zwängen der Zivilisation – zu Algorithmen, Abgasen, Lärm, dem Bedrängenden städtischer Enge. Auch dem Streben nach Gewinnen.

Stattdessen soll das Land ein wenig aussehen wie Ostpreußen um 1900 und ein Versprechen von etwas einlösen, das uns angesichts von Globalisierung, Migration und technischer Beschleunigung wieder wichtiger ist: das Gefühl von Heimat und Herkunft. Zwei anderen Worten für Sicherheit und Beständigkeit.

Die Wirklichkeit ist weniger idyllisch – und schon gar nicht idealistisch. Landwirte produzieren Nahrungsmittel oder Energiepflanzen. Sie stellen sich dabei auf die Bedingungen ein, die das komplexe Geflecht aus Erzeugung und Handel vorgeben. Sie machen, was sich für sie rechnet, und unterlassen alles, was keine Margen verheißt. Dünger und Pflanzenschutz, Futter, Treibstoff für Landmaschinen, Lohnkosten, Kredite für Ställe, Versicherungspolicen gegen Hagelschäden, Frost, Starkregen und vieles andere sind für sie Kosten, die sie exakt kalkulieren müssen. Denn wer falsch kalkuliert oder Kostensteigerungen nicht ausgleichen kann, läuft auch auf dem Land Gefahr, wirtschaftlich zu scheitern!

Landwirte sind also keine Altruisten – und beileibe nicht die Unschuld vom Lande. Dennoch sind sie zunehmend Forderungen ausgesetzt, die so gar nicht zum nüchternen Betriebskalkül eines Unternehmers passen wollen. So fordern Verbraucher heute einen nachhaltigeren Umgang mit der Natur. Weniger Pestizide. Mehr Rücksichtnahmen auf das Tierwohl. Wollen Landwirte darum nicht nur *Bad News* produzieren und im Fernsehen beschimpft werden, dann werden sie auf diese Wünsche im Eigeninteresse nicht mit Ignoranz reagieren können. Genau das ist, etwas holzschnittartig, aber der Vorwurf an die Branche.

Warum dabei diese *Härte* der Kritik? Zum einen zeigen sich die Folgen der intensiven Landwirtschaft heute möglicherweise deutlicher, kumulieren sich wie bei den Insekten oder manchen bodenbrütenden Vogelarten Effekte, die ihre Ursachen vor zehn oder zwanzig Jahren haben. Auch bewegen Großprojekte wie die geplante Schweinemastanlage für 37.000 Tiere, die ein niederländischer Investor im brandenburgischen Haßleben errichten will, schon zu lange die Gemüter.

Bei den Recherchen für dieses Buch wurde mir zum anderen aber klar, dass es noch einen Grund gibt. Er hat weniger mit der Landwirtschaft zu tun als damit, was die Wissenschaftler Hans von Storch und Werner Krauß mit Blick auf die Klima-Debatte einmal als die modernen

13

»Lagerfeuer« der Menschheit bezeichnet haben, um die wir alle gern sitzen.[1] Und uns dort Geschichten von Blitz und Donner erzählen, die uns kollektiv verbinden – eine Art *Public Viewing* zu drängenden Gesellschaftsfragen. Angst ist dabei oft ein starkes Motiv.

Die Landwirtschaft ist nach meiner Beobachtung der nächste Kampfplatz in der Reihe großer gesellschaftlicher Konflikte, welche die deutsche Nachkriegsgeschichte durchziehen. Nach den Debatten um das Waldsterben und die Verschmutzung der Luft durch Sauren Regen und Smog, die Vergiftung der Flüsse durch die Chemie, vor allem aber die Atomkraft und die mittlerweile leiser werdende Klima-Debatte, ist sie jetzt sozusagen »an der Reihe«. Nicht zuletzt deshalb, weil Themen wie die Kernkraft durch den Ausstiegsbeschluss des Jahres 2011 politisch abgeräumt sind und ein Stück unserer medialen Aufmerksamkeit »freigeworden« ist, was manche Nichtregierungsorganisation konsequent im Eigeninteresse nutzt.

Es ist deshalb nicht übertrieben zu sagen, dass die Landwirtschaft zu *dem* Schauplatz öffentlicher Kontroversen an der Schnittstelle von Mensch, Natur und Technik geworden ist. Obwohl sie im Grunde dasselbe tut wie all die Jahre zuvor und vieles auf Druck einer veränderten Umweltpolitik im Vergleich zu den Achtziger- oder Neunzigerjahren sogar nachweislich zum Besseren steht. Das kann ich als Angler mit einer stoischen Liebe zu einigen Gewässern, die ich seit meiner Kindheit aufsuche, aus eigener Erfahrung sagen. Ich fange dort zwar nicht besser als früher. Aber ich sehe wieder öfter Eisvögel, Bachstelzen und Ringelnattern. Und keine an der Oberfläche treibenden Fische wie 1984.

Schöne neue Welt

Die genannten Schlaglichter führen zu einer Zangenbewegung, die vielen Landwirten weit mehr zu schaffen macht, als wir es wahrnehmen. Auf der einen Seite müssen sie sich Forderungen nach einem naturnäheren und tiergerechteren Wirtschaften stellen. Auf der anderen Seite sind sie Getriebene der ökonomischen, technischen und kulturellen Umbrüche unserer Zeit. Denn die globalen Verflechtungen des Geschäfts, das *System* Landwirtschaft – Mineralphosphate aus Marokko zum Düngen brasilianischer Sojafelder, auf denen das Kraftfutter für Schweine in Niedersachsen wächst, die anschließend in den Export nach Russland und anderswo gehen – zwingen sie zu Opportunismus. Und lassen sie nervös auf kleinste Ausschläge des Marktes reagieren.

Hinzu kommen Entwicklungen, den mit Maßnahmen vom grünen Tisch nicht einfach so beizukommen ist. Dazu zählt die Energiewende, die viele Deutsche nach wie vor für eine ökologisch sinnvolle Sache halten. Oder das Thema Digitalisierung, die in der Landwirtschaft ganz neue Geschäftsmodelle möglich macht.

Auch Trends in der Biotechnologie wie CRISPR/Cas werden in der Öffentlichkeit nicht als Herausforderung für die Landwirtschaft wahrgenommen. Nach dieser in unaussprechlichen Worten *Clustered Regularly Interspaced Short Palindromic Repeats* genannten Methode können Gene mit bestimmten Eigenschaften gezielt in DNA-Stränge eingefügt oder andere herausgeschnitten werden. Die sogenannte Genchirurgie könnte eines Tages nicht nur dazu führen, dass es Menschen mit »nachteiligen« körperlichen Dispositionen nicht mehr geben muss, weil man die menschliche DNA entsprechend umbauen kann. Solche Vorstöße in das Innerste der Natur werden auch für die Pflanzenzüchtung entscheidende Bedeutung haben.

Gemessen daran nehmen sich Themenfelder wie das Autonome Fahren oder stimmgesteuerte Computer wie Alexa wie ein Experimentierkasten für Schüler zum professionellen Elektronenrastermikroskop aus. Dennoch reden wir öffentlich weit häufiger über sie, wird von Delegationsreisen ins Silicon Valley eine ähnliche Wirkung erhofft wie vom Durchwaten des Jungbrunnens auf dem berühmten Gemälde Lucas Cranachs d. Ä. aus dem Jahr 1546. Denn sie machen das Neue im Alltag erfahrbar, darin liegt ihr großer Vorteil. Die großen Fragen der Zukunft, wenn es um Mensch und Natur geht, werden hier jedoch nicht verhandelt.

Der Wissenschaftsjournalist Joachim Müller-Jung fand für diese ungleiche Beachtung technischer Entwicklungen einmal die Überschrift »Schizophrenie der Zukunft«. Im Schatten des öffentlichen Interesses an Künstlicher Intelligenz und smarten Kühlschränken spielen sich in der Biotechnologie Dinge ab, die »sehr viel tiefer als die digitalen Umwälzungen in unser Wertesystem« eingreifen.[2] Nicht nur wirtschaftlich, sondern auch ethisch. Und letztlich: anthropologisch. Denn sie berühren unser Bild des Lebens in einem ganz elementaren Sinne.

So müssen wir darüber diskutieren, welche Eigenschaften Nutztiere und Pflanzen in Zukunft haben werden, weil *wir* sie ihnen geben. Züchtung gibt es schon lange, wir alle kennen den Namen Mendel seit der Schule. Muss man Pflanzen in Zukunft daher zwangsläufig biologisch schützen? Oder darf man sie auch angesichts des Klimawandels genetisch so verändern, dass sie mehr Erträge versprechen, obwohl sie weniger Wasser brauchen und steigende Temperaturen aushalten? Stellt es nicht geradezu eine Verpflichtung dar, dass wir sie auf diese Weise unempfindlich machen für Krankheitserreger, die man heute mit der »Chemie-Keule« bekämpft? Auch wenn es außerhalb der Forschung noch nicht so weit ist: Diese Fragen werden kommen. Wir müssen deshalb Antworten auf sie finden.

Vergessenes Land

Wer sich mit der Landwirtschaft beschäftigt, stößt nicht nur auf solche wissenschaftlichen und technologischen Aspekte, sondern auch auf eine zunehmende kulturelle Entfremdung zwischen Stadt und Land. Und vielleicht ist gerade sie das Thema der Stunde – zumal für jemanden, der sich der Landwirtschaft aus einer gesellschaftlichen Perspektive nähert!

Es geht hierbei nicht nur um die Schließung von Kinderstationen in Krankenhäusern oder Schulen in ländlichen Regionen, um verwaiste Bushaltestellen, Läden, Gemeindezentren, Gaststätten, Tanzsäle. Es geht um den Unmut, den viele Menschen verspüren, wenn sie allabendlich Talkshowdebatten verfolgen. Wenn dort Themen aufgerufen werden, die an ihrer Lebenswirklichkeit vorbeigehen.

Wie stark Lebensrealitäten auseinanderdriften, ist auf beängstigende Weise am Wahlerfolg Donald Trumps in den USA sichtbar geworden. Dies galt auch für die Städte, keine Frage. Sein Polemisieren gegen das »Establishment« an der Ostküste kam in den vergessenen Regionen Amerikas, im Rustbelt und in den Farmlands, aber besonders gut an.

Eine solche Spaltung lässt sich ungeachtet aller Unterschiede auch in Deutschland beobachten. So ist es kein Zufall, und zugleich eine positive Ausnahme, dass Bundespräsident Frank-Walter Steinmeier die Zukunft der ländlichen Räume zu einer zentralen Aufgabe seiner Amtszeit erklärt hat. Ich habe ihn dieses Thema auf Veranstaltungen mehrfach nennen hören. Ohne jedoch, und das ist symptomatisch für die öffentliche Wahrnehmung von »Land«, dass es ein vergleichbares Interesse der Nachfragenden wie zur Digitalisierung oder Zuwanderung gegeben hätte.

Wir sprechen heute eben über vieles, das mit der Landwirtschaft zu tun hat und besser werden muss. Über volle Ställe. Den Tod auf dem Acker durch zu viel Chemie. Das ist ein Erfolg. Aber wir müssen uns auch fragen, warum »Heimat« und »Land« als Hoffnungssymbole in Sonntagsreden, Wahlkämpfen, Bundestagsaussprachen und am Kiosk hoch im Kurs stehen, warum Städter vom Urban Gardening träumen – gleichzeitig aber in vielen ländlichen Regionen die Lichter in Kuhställen, Kneipen und Kirchen ausgehen.

It's the economy, stupid!

Zu selten wird im Zusammenhang mit der Landwirtschaft zudem über die Unterschiede debattiert, die dieser Zweig zum großen Rest der Wirtschaft aufweist. Diese befindet sich derzeit in einem Konjunkturhoch, ich erlebe das mit Blick auf die Metall- und Elektroindustrie aus nächster Nähe. Schlagworte wie Handelsbilanzüberschüsse, Rekordwerte bei Auftragseingang und Umsatz, Fachkräftemangel und anderes mehr bestimmen dort die Tagesordnung.

Die deutsche Landwirtschaft, die gerade einmal 0,7 Prozent des Bruttoinlandsprodukts erwirtschaftet, aber

Millionen von Menschen ernährt und über die Hälfte der deutschen Böden bearbeitet, steht für einen gegenteiligen Trend.[3] Das Konjunkturbarometer des Deutschen Bauernverbands vom Herbst 2017 spricht in geradezu düsterer Rhetorik von der »deutlichen Verschlechterung« der wirtschaftlichen Stimmung und raunt von »besonders schlechten Zukunftserwartungen« – »und zwar in allen Betriebsformen«.[4]

Ist das nur Jammern auf hohem Niveau? Die sprichwörtliche Klage, die beim Bauern und beim Kaufmann zum Geschäft gehört? Weit gefehlt! Im besagten Konjunkturbarometer kann man nämlich auch einiges zur Agrarpreisentwicklung nachlesen, also darüber, was wir Verbraucher für die Produkte der Landwirte zu zahlen bereit sind. Von einem Milchpreis von durchschnittlich 26 Cent pro Liter für den Produzenten ist da die Rede, der Erzeugerpreis für Schweinefleisch liege bei 1,50 Euro für das Kilogramm. Zugleich stiegen die Kosten für Düngemittel und Energie. Ein »besonders belastender Einfluss« – so das Barometer – gehe überdies von den hohen Pachtpreisen aus.

Gerade dieser Aspekt erscheint mir besonders wichtig, er wird dieses Buch darum immer wieder begleiten. Begehrt waren Flächen bereits nach der Wiedervereinigung, vor allem in den hektarstarken Regionen der ehemaligen DDR. Seit der Lehman-Krise und der anschließenden Flutung der Finanzmärkte mit billigem Geld sind Agrarflächen aber als Objekte für spekulative Renditen erkannt worden, was zu einem regelrechten Run von Investoren aller Couleur geführt hat.

Nicht anders als bei der Verteuerung von Wohnraum in den Städten fördert der Preisanstieg der Böden auf dem Land deshalb eine Entwicklung hin zu größeren, weil leistungsfähigeren Einheiten, die noch dazu oftmals keine Nahrungsmittel, sondern Strom erzeugen. Doch: Sind uns solche Einflüsse bewusst, wenn wir im Supermarkt stehen und uns zu Recht mehr Nachhaltigkeit auf dem Acker wünschen, mehr Tierwohl und gerechtere Löhne für Spargelstecher aus Osteuropa?

Es scheint mir manchmal, als wären wir, bildlich gesprochen, ständig damit beschäftigt, über die Verschönerung der Fassaden eines Hauses zu debattieren, während das im Erdreich liegende Fundament von anderen stillschweigend ausgetauscht wird.

Wandel der Lebensentwürfe

Und dann sind da noch der »Faktor Mensch« und der Wandel der Lebensentwürfe. Wenn Landwirte ihre Nachfolge auf dem Hof heute nicht mehr so reibungslos wie früher regeln können, liegt das nicht allein an der Höhe des Verdienstes. Vielfach wünschen sich deren Kinder ein ganz anderes Leben. Eine eigenverantwortliche Gestaltung von Beruf und Freizeit, die Möglichkeit von Urlauben, Eltern- und anderen Auszeiten, die in vielen Industriebranchen längst Standard sind.

Wer als Jungbauer einen Milchviehbetrieb übernimmt, weiß, dass er die nächsten 40 Jahre um 3 oder 4 Uhr aufsteht – und zwar an jedem Tag der Woche, auch am Wochenende. Statt einer 28-Stunden-Woche, wie sie die IG Metall in der letzten Tarifrunde für Arbeitnehmer in die Diskussion einbrachte, hat ein Landwirt eher eine 60- oder gar 90-Stunden-Woche. Eine Kuh ist kein Tamagotchi, das die Älteren unter Ihnen noch kennen werden. Und kein Facebook-Account, bei dem man mal pausieren kann.

Junge Landwirte wissen das. Hinzu kommt, dass sie in beruflicher Hinsicht eine absolute Minderheit in ihrer Alterskohorte darstellen und darum einen gewissen sozialen Zwang aushalten müssen. Sie entscheiden sich für einen harten Beruf, der öffentlich angefeindet wird und auf Abi-Bällen sicher weniger hoch im Kurs steht als ein Freiwilliges Soziales Jahr bei einem Umwelt-Projekt oder ein »Schnupper-Praktikum« im Ausland. Nichts ist für die eigene Berufswahl aber so wichtig wie Vorbilder und die Bestätigung durch Andere.

Zunahme gesetzlicher Vorgaben

Der viel beklagte zahlenmäßige Rückgang der Höfe in Deutschland hat zuletzt auch mit einer Politik zu tun, die zwar großzügige Subventionszahlungen aus den Töpfen der Gemeinsamen Agrarpolitik der EU ermöglicht. Die durch zunehmende Dokumentationspflichten, Umwelt- und Brandschutzauflagen, Zertifizierungsanforderungen, Qualitätsprüfungen, Veterinärordnungen und sonstigen Verwaltungsaufwand aber gerade kleinen Familienbetrieben das Leben schwermacht.

Es ist paradox: Das, was politisch gewollt scheint, nämlich nachhaltig wirtschaftende Klein- und Kleinstbetriebe, wird regulatorisch behindert. »Wir wollen weniger Bürokratie und mehr Effizienz für eine marktfähige Landwirtschaft«, heißt es in Zeile 3895 des Koalitionsvertrags von CDU/CSU und SPD aus dem Februar 2018.[5] Die Worte hört man wohl – allein es fehlt der Glaube, spricht man mit Praktikern, dass aus der Absicht auch Wirklichkeit wird.

Wer die steigenden Betriebsausgaben eines Hofes einspielen will, muss Umsatz und Rentabilität darum notwendigerweise steigern, am besten durch Wachstum und Produktivität. Auch deshalb, nicht weil Landwirte es schön fänden, gibt es in Deutschland immer weniger, aber immer größere Höfe. Existierten 1990 noch rund 630.000 landwirtschaftliche Betriebe mit einer Durchschnittsfläche von 17 Hektar, so sind es heute 274.000 Betriebe mit einer Größe von rund 62 Hektar. 2013 waren es noch 59 Hektar, 56 im Jahr 2010, und so weiter.[6]

All das hat gravierende Auswirkungen auf das Erscheinungsbild der Landwirtschaft. In einer Branche, die so alt ist wie die Menschheit, ist etwas gehörig durcheinandergekommen – mancher meint auch: aus den Fugen geraten. Die den Bauern bisweilen nachgesagte Renitenz wird daher auch als eine Verteidigung historischen Ausmaßes erkennbar: In einigen Fällen haben Höfe eine Geschichte, die bis in die Zeit des Dreißigjährigen Krieges oder der Bauernkriege Thomas Müntzers, dem verordneten Helden meiner Schulzeit, zurückgeht. Solche Traditionsstärke prägt das Selbstbild der Landwirtschaft bis heute. Markiert zugleich aber ihre empfindlichste Stelle, wenn es um die Bereitschaft zum Wandel geht.

Die Kühe auf den Kopf stellen

Die Marke Opel warb nach einem Image-Tief vor einiger Zeit mit einer Kampagne unter dem Slogan »Umparken im Kopf« – und schaffte eine *Wende*. Genau solch ein Perspektivenwechsel scheint mir ebenfalls nötig, wenn es um die Zukunft der Landwirtschaft geht!

Wer eine neue Zeit mit einer besseren Landwirtschaft will, das ist die zentrale Aussage dieses Buches, kommt mit Pauschalkritik an den Bauern nicht weiter. Auch

22

nicht mit Alarmismus oder effektreichen politischen Aktionen wie unlängst dem Verbot sogenannter Neonicotinoide, um die Bauern anschließend bei der Suche nach wirtschaftlich tragfähigen Alternativen im Regen stehen zu lassen.

Wir gewinnen auch nichts mit der Forderung nach einem Umstieg aus bestehenden Produktionsweisen über Nacht. Denn die ökonomischen Spielräume sind so eng gesetzt, dass die Landwirtschaft Zeit braucht – so wie gegenwärtig andere Industrien Zeit für ihre Transformation etwa bei der Umstellung auf die Digitalisierung brauchen. Stattdessen sollten wir gemeinsam darüber nachdenken, wie statt Einzelmaßnahmen ein schlüssiges *Gesamtkonzept* für eine bessere Landwirtschaft aussehen könnte!

Dieses Gesamtkonzept – auch das werde ich in diesem Buch ansprechen – verlangt nicht nur von den Landwirten Beweglichkeit und Verhaltensänderungen. Sondern auch von uns, dem Handel, den öffentlichen Stellen. Wenn es sich eine Gesellschaft erlauben kann, ein Drittel der Kartoffelernten in Biogasanlagen zu werfen, weil die Kartoffeln nicht den optischen Wünschen der Verbraucher nach ebenmäßigem Gemüse entsprechen, oder Nutztiere im Krankheitsfall sterben zu lassen, um nicht durch erhöhte Kennzahlen bei den Ämtern aufzufallen, dann ist nicht nur die wirtschaftliche Verhältnismäßigkeit aus dem Lot geraten.

Ähnlich absurd stellt sich die Praxis dar, Futtermittel zu importieren und mithilfe staatlicher Anreize Energiepflanzen statt Getreide auf unseren Äckern anzubauen. Könnten die von den Bio-Betrieben weniger erbrachten Mengen nicht zumindest teilweise kompensiert werden, wenn Deutschland Maß und Mitte wiederentdeckte, statt 23 zwei Extreme zu fahren, den Hochleistungsackerbau auf der einen und die Energiepflanzenproduktion auf der anderen Seite? Wenn es akzeptierte, dass Nahrungsmittel nicht »instagrammable« sein müssen – makellos, um sie auf Instagram posten zu können? Die Debatte um »Teller und Tank« ist mittlerweile leiser geworden. Dennoch bleibt sie richtig und wichtig.

Dabei muss uns klar sein: Nur wenn es uns gelingt, zu einem anderen Verständnis der Landwirtschaft und zu einem neuen Verhältnis zu ihr zu kommen, haben wir eine Chance, die Zukunft nachhaltiger zu gestalten, für Umwelt und Betriebe gleichermaßen. Wenn die Entfremdung hingegen zunimmt und wir weiter auf die Bauern »draufhauen«, werden wir in einigen Jahren möglicherweise mehr ökologische Flächen vor unserer Haustür haben und eine präsentable Umweltbilanz – aber auch immer weniger Menschen, die im ländlichen Raum arbeiten und leben wollen. Und noch mehr von dem, was wir täglich konsumieren, importieren. Und zwar aus Regionen der Welt, in denen Tierwohl, Boden- und Gewässerschutz kleingeschrieben werden und die Arbeitsschutzstandards meilenweit von den unseren entfernt sind.

Im Bereich der CO_2-intensiven Produktion von Rohstoffen, in der ich einige Jahre tätig war, nennt man diese fragwürdige Verlagerung von Verantwortung durch das Abwandern von Unternehmen »Carbon Leakage«. Sie passt in die Formel: Saubere Bilanzen daheim, unerfreuliche woanders. Fangen wir also damit an, uns die Dinge einmal anders anzusehen, und stellen die Kühe von den Beinen auf den Kopf! Der Zeitpunkt dafür könnte nicht besser sein, aber auch nicht drängender.

1. DIE LANDWIRTSCHAFT UND WIR

Ich möchte dieses Buch beginnen mit einem Blick auf jene Themen, die unser Bild der Landwirtschaft heute prägen. Und solchen, die schon in naher Zukunft prägend für sie sein werden. Wenn Sie dieses Kapitel gelesen haben, sollten Sie nicht nur darüber, sondern über den weiteren Inhalt des Buches einen groben Überblick haben.

Das Land und die Landwirtschaft, so meine Eingangsthese, sind als Alltagsbegleiter nicht allein aus der deutschen Öffentlichkeit verschwunden, sondern auch aus der aller anderen westlichen Gesellschaften. Die Bilder, Geräusche und Gerüche, die mit der Landwirtschaft zusammenhängen, sind darum weitgehend verlorengegangen. Der französische Philosoph und Hochschullehrer Michel Serres formulierte das 2013 so: »*Der neue Schüler und die junge Studentin haben im Leben keine Kuh gesehen, kein Kalb, kein Schwein, kein Vogelnest. Um 1900 arbeiteten die meisten Menschen auf unserem Planeten in der Land- und Ernährungswirtschaft; heute machen in Frankreich wie in vergleichbaren Ländern die Bauern gerade noch ein Prozent der Bevölkerung aus. Zweifellos wird man darin einen der tiefsten historischen Brüche seit dem Neolithikum erkennen müssen.*«[1]

Ich musste offen gestanden noch einmal nachschlagen, was es mit dem Neolithikum auf sich hat. Gemeint ist damit die Jungsteinzeit vor rund 12.000 Jahren. Sie markiert insofern einen Wendepunkt der Menschheitsgeschichte, als Jäger und Sammler erstmals sesshaft wurden und neben der Jagd auch Ackerbau betrieben. Diese ersten Ackerbauern schufen somit die Grundlagen dessen, was wir heute Landwirtschaft nennen.

Man wird deshalb kaum eine andere Branche finden, die es hinsichtlich ihrer geschichtlichen Tragweite mit der Landwirtschaft aufnehmen kann. Dies wahrzunehmen ist für das Verständnis öffentlicher Diskussionen insofern hilfreich, als Bauern mit einigem Recht behaupten können, auf eine Tradition zurückzublicken, die jedes Berliner Startup in den Schatten stellt. Und dennoch löst die Landwirtschaft in der Regel keine Neugier oder gar Begeisterung aus. Kühlschränke zu füllen, Menschen satt zu machen sind heute eben keine News mehr.

Die Macht der Bilder

Seit dem Neolithikum ist nicht nur eine ziemlich lange Zeit vergangen, sondern man kann sagen, dass die Landwirtschaft seit jenen frühen Tages des Ackerbaus aus dem Mittelpunkt der Gemeinschaft an deren Rand gewandert ist.

Dies lässt sich mit einigen Zahlen belegen. Heute sind noch 1,4 Prozent der deutschen Erwerbstätigen in der Landwirtschaft beschäftigt, nach dem Zweiten Weltkrieg waren es 25 Prozent, im 19. Jahrhundert sogar 50 Prozent – einer von zwei Deutschen im berufstätigen Alter![2]

Viele der gegenwärtigen Akzeptanzprobleme, so eine zweite These, stellen sich darum gerade in einer von Bildern geprägten Zeit, weil die Landwirtschaft, abgesehen von Skandalbildern, im Grunde ein visuelles Schattendasein führt. Denn wir kaufen zwar landwirtschaftliche Produkte oder durchstöbern »Food Blogs« mit allerlei bunten Fotos. Aber wir *sehen* die Prozesse, mit denen Nahrung gemacht wird, und die Akteure, die sie machen, heute im Alltag nicht mehr. Wir sehen nicht die Knochenarbeit und den körperlichen Verschleiß, den Landwirtschaft früher bedeutete. Nicht die soziale Enge der Höfe. Aber auch nicht die Unmengen an Nahrungsmitteln, die täglich in die Städte gefahren werden. Nicht Aufzucht und Tötungen von Tieren. Nicht Abfälle und Gülle.

Die konkrete Wahrnehmung des Zusammenhangs zwischen Bedarf und Erzeugung, den uns die Ökostromproduktion mit Hunderttausenden kleiner Anlagen direkt vor unseren Nasen im Vergleich zu wenigen Großkraftwerken im Grunde sehr gut vor Augen führt, ist uns im Bereich der Landwirtschaft komplett verloren gegangen. Früher sagte man: Der Strom kommt aus der Steckdose. Heute könnte man sagen: Das Essen kommt aus dem Discounter.

Nicht zuletzt infolge dieser visuellen Entfremdung tun wir uns schwer mit einem Verständnis von »Land«, das nicht Raum für Freizeit ist wie bei meinen Angelausflügen, sondern der Raum, in dem täglich Lebensgrundlagen geschaffen werden. Kein mir bekannter Land- oder Forstwirt wird im Alltag bei allem Respekt vor der Natur in Wald und Flur einem »geheimen Leben der Bäume« nachspüren können, oder einem internetgleichen »geheimen Netzwerk der Natur«, wie es in den Bestsellern von Peter Wohlleben beschrieben wird.

Den Wald nicht nur als »Produktionsort« anzusehen, in dem tonnenschwere Harvester den Boden verdichten, sondern in ihm den Lebensort vieler Tiere und Mikroorganismen zu erkennen, hat etwas für sich. Auch ich sehe ihn so. Die Zunahme hoffnungsvoller Naturbücher zu vielen Tier- und Pflanzenarten in einer hochtechnischen Zeit ist dennoch kein Zufall, sondern ein Hinweis darauf, wonach sich viele Menschen offenkundig sehnen.

Ob sie dabei mit dem Förster Wohlleben den »Wald als Widerstand« entdecken (*Der SPIEGEL*) oder die »Geschichte der Bienen« der norwegischen Autorin Maja Lunde lesen, macht keinen Unterschied. Denn beides geht auf denselben emotionalen Kern zurück: das Gefühl des Verlusts einer Natur, wie wir sie kannten. Aber auch das Unbehagen an einer modernen Welt, zu der die Einkehr in die Natur als bessere Alternative erscheint.

»Feldkontrollen und chemische Bekämpfung«

Jeder Geschichtsinteressierte wird nun gleich zu Beginn einwenden, dass die Diskrepanz zwischen ländlicher Wirklichkeit und der Romantisierung des Landes durch die, die nicht dort arbeiten, kein Kennzeichen unserer Zeit sei. Das kennen wir in Deutschland bereits seit dem 19. Jahrhundert. Die Natur kam immer dann groß raus, wenn die Zivilisation brüchig erschien. Und moderne Naturgedichte wurden dann auffallend oft geschrieben, wenn im Dickicht der Städte elektrische Straßenbahnen und Lichtspielhäuser den Zeitgeist bestimmten.

Gerade deshalb erscheint es mir nicht trivial, darauf hinzuweisen, dass die Landwirtschaft zu jeder Zeit »unnatürlich« war, legt man einen strengen Begriff von Natürlichkeit zugrunde. Denn sie arbeitete immer schon mit Methoden und stofflichen Kombinationen, die von der Natur nie beabsichtigt waren. Auch die momentan fast kultisch verehrten »alten Sorten« bei Getreide oder Äpfeln waren einmal »neue Sorten«, die aus Gründen der Optimierung weiter verändert wurden. Insofern ist das Antlitz der heutigen Landwirtschaft im Grunde nicht mehr als ein Spiegel der sonstigen technischen Errungenschaften auch. Und doch ist der Grad der Entwöhnung von dem, was früher einmal selbstverständlich war, fraglos größer geworden. Auch bei mir.

Eine solche Landwirtschaft im Wandel der Zeit lernen auch unsere Freunde und Bekannten kennen, statten sie meiner Familie und mir einen Besuch ab. Kommen sie in unsere Küche, starren sie auf ein gerahmtes Poster über dem Geschirrschrank. Es stammt von meinem Großvater, der nach dem Zweiten Weltkrieg vor den Toren Berlins als Gebrauchsgrafiker arbeite und für viele damalige Industriekombinate Werbeplakate entwarf.

»Jeder hilft mit bei Feldkontrollen und chemischer Bekämpfung«, steht auf besagtem Plakat, es mag um 1960 entstanden sein. Zu sehen sind ein Traktor, der durch ein Kartoffelfeld fährt, und ein riesiger gelbschwarzer Kartoffelkäfer. Wie ein Heiligenschein ragt in die Mitte des Bildes eine übergroße Hand hinein, die zu einer Kralle geformt ist und nach dem Kartoffelkäfer greift.

Anders als in einem Museum mit Alten Meistern benötigt man kein Begleitheft, um dieses Bild zu dechiffrieren: Neben dem für diese Jahre typischen Fortschrittsbegriff, der Penicillin, die Kernspaltung oder die bemannte Raumfahrt einschloss, wohnte der technischen Umwälzung der Landwirtschaft nach dem Krieg der Zauber des Neuen inne. Wissenschaft und Technik, so war man überzeugt, würden den Menschen in eine bessere Zukunft führen. Als fortschrittlich galt, was schnell Mehrertrag schuf, Schädlinge mithilfe der Chemie eindämmte, die Anwendung von Mineraldünger propagierte – eine Wahrnehmung der Landwirtschaft, die Lichtjahre von der heutigen entfernt ist.

Als er ein Schüler war, erzählte mir mein Vater mit Blick auf dieses Plakat oft, war er selbst diese Hand. Denn die Wandertage hatten damals noch etwas von Jugendarbeit. Man fuhr nicht wie heute in eine andere Stadt oder zu einem Natur-Denkmal: Meistens ging es zu einer der

Landwirtschaftlichen Produktionsgenossenschaften, in denen bereits Halbwüchsige mitanpacken und Kartoffelkäfer sammeln mussten, um sie anschließend in Hühner- und Gänseställe zu bringen.

Mein Vater verbrachte seine Schulzeit im Mecklenburg der Fünfzigerjahre. Einem bekannten Ausspruch Bismarcks zufolge soll die Welt hier ja einhundert Jahre später untergehen als im Rest Deutschlands. Alles muss sich also noch viel langsamer zugetragen haben als andernorts!

Es war eine Zeit, die ich nur aus seinen Erzählungen oder den Büchern des Schriftstellers Uwe Johnson kenne, der unweit des Ortes zur Schule ging, wo auch ich groß wurde. Eine Zeit, die mir weltentrückt erscheint, weil sie vieles von dem bot, was wir heute in punkto Natur wieder vermissen. Mit Feldern, die bis an die Wolken reichten, verziert von Klatschmohn und dem Blau der Kornblumen. Mit Feldlerchen und Schwalbenschwänzen. Mit mäandernden Wolken von Staren, die sich abends unter lautem Geschrei in Schlehenbäumen niederließen.

Aber es war auch eine Zeit, in der sich der Charakter der Landwirtschaft bereits spürbar änderte. Trotzdem war sie für Städter noch fest im Bewusstsein verankert, weil ein Teil der Bevölkerung damit sein Auskommen bestritt, zu Arbeitseinsätzen geschickt wurde oder Verwandte auf dem Dorf hatte. Und weil die Erfahrung der Unterversorgung mit Lebensmitteln nach dem Krieg noch lebendig war. Es gab also eine ganz selbstverständliche Verbindung zwischen dem, womit man sich bei der Feldarbeit abmühte, und dem, was man im Laden kaufen konnte.

Konventionelle und Nicht-Konventionelle

Über den Lichtsmog der Städte, der Wirbeltiere und nachtbestäubende Insekten einmal irritieren würde, wussten die Menschen damals noch nichts. Nichts von satellitengestütztem »Smart Farming« auf Sojafarmen in Südamerika, die so groß wie Mecklenburg sind, und auf denen Maschinen präzise mithilfe von Navigationssystemen gesteuert werden. Und niemand ahnte, dass wir einmal Obst aus Griechenland oder Neuseeland importieren würden, damit es jeden Tag Südfrüchte zu kaufen gibt. Alles, was man aß, wuchs vor der Haustür – und zu der Zeit, welche die Natur dafür vorgesehen hatte.

Doch die Landwirtschaft hat seither große Sprünge gemacht: Während ein Bauer mit seiner Arbeit damals einige wenige Mitmenschen ernährte, sind es heute 160 – ein Resultat von Züchtung, Dünger, Pflanzenschutz, Landmaschinen und moderner Lagerung. Ernteausfälle durch Kartoffelkäferplagen, durch Mehltau oder Gelbrost muss niemand mehr fürchten. Die Regale sind dank eines ausgeklügelten Handelssystems zu jeder Jahreszeit voll.

Der Mensch ist, naturphilosophisch gesprochen, erstmals seit dem Neolithikum nicht mehr von den Unwägbarkeiten der Natur abhängig, um satt zu werden; zumindest der in der Ersten Welt. Er produziert sogar so viel, dass wir es uns erlauben können, heruntergefallene Äpfel an Landstraßen oder auf alten Streuobstwiesen zu übersehen, während wir mit dem Auto zum nächsten Supermarkt fahren, wo es Äpfel aus Südtirol gibt. Eingeschweißt in Sechserboxen.

Ungeachtet dieses Sieges, den wir der Natur im Laufe der Zeit abringen konnten, haben die Fassaden der Höfe und

Ställe hässliche Risse bekommen. Dioxin in Eiern, über-
düngte Böden, geschredderte männliche Küken, apoka-
lyptische Bilder aus der »Massentierhaltung«: Die Liste
der Reizthemen ist lang. Die Landwirtschaft ist dadurch
zu einem eng kartierten, statt einem »weiten Feld« geworden. Auf ihm scheinen Glaubenskriege zu toben und
klare Standortbestimmungen selbst im Freundeskreis
nötig zu sein: Bist du *dafür* oder *dagegen*?

Grob gesagt stehen auf der einen Seite diejenigen,
welche die Spirale hin zu immer größeren Höfen nach
dem Prinzip des »Wachse oder weiche« als unausweich-
lich verteidigen; man nennt sie die »Konventionellen«,
auch wenn sie ziemlich innovations- und technikaffin
sind. Aber sie repräsentieren über 90 Prozent der landwirtschaftlich erzeugten Güter in Deutschland und in
unserer oft schablonenhaften Denke zwischen »Vergangenheit« und »Zukunft« das Althergebrachte.

Auf der anderen Seite stehen diejenigen, die den Einsatz von Kunstdünger, Herbiziden und Antibiotika ablehnen. Die Tieren bessere Bedingungen im Stall bieten
wollen. Und die deshalb für etwas eintreten, das man
alternative oder ökologische Landwirtschaft nennt.
Natürlich ist auch diese Form der Landwirtschaft alles
andere als homogen, sondern ein Sammelbecken für unterschiedliche Ideale und Qualitätsvorstellungen, Zerti-
fizierungen, Label und Normen – eine ziemlich deutsche
Angelegenheit. Aber im Großen und Ganzen verbinden
diese Landwirte die genannten Prämissen.

Für die meisten Verbraucher spielen solche Unterschei-
dungen im Alltag allerdings eine untergeordnete Rolle,
wenn es hart auf hart kommt – sprich: nicht beim Dar-
überreden, sondern an der Kasse. Nahrung einzukaufen
findet zwar öffentlich, aber im Anonymen statt. Das ist

das verblüffend simple Geheimnis, warum Anspruch und Wirklichkeit so gravierend auseinanderklaffen.

Längst ist das »Land« von einem Arbeitsort zu einem Erholungs- und Rückzugsort geworden, der gedanklich von der Landwirtschaft abgekoppelt wird. Zeitschriftenerfolge wie *Landlust* unterstreichen, dass man mit geistiger statt realer Nahrung hohe Umsätze in einer materiell ohnehin satten Zeit erzielen kann.[3] Und dass Verlage bereit sind, es mit Dichtung und Wahrheit etwas lockerer zu nehmen, wenn dafür Einnahmen winken. Dass ausgerechnet der Landwirtschaftsverlag Münster, der mit *Top Agrar* die wichtigste Zeitschrift der konventionellen Landwirtschaft herausbringt, wo man sich über die falsche Romantisierung des Landlebens beklagt, mit *Landlust* seit Jahren genau diese Romantisierung befördert, halte ich für eine gewagte Strategie. Nicht betriebswirtschaftlich, schon klar. Aber im Hinblick auf das öffentliche Image der Bauern.

Ich habe mich mit diesem Phänomen der virtuellen Landliebe in meinem letzten Buch beschäftigt.[4] Anders als damals weiß ich heute, dass diese mediale Erfolgsgeschichte kein Trend war, sondern Ausdruck eines anhaltenden Gefühls ist, das sich auch in Büchern niederschlägt. Unzählige weitere Zeitschriften, die Namen wie *Mein schönes Land*, *Landküche*, *Landfrau*, *Landapotheke*, *Land und Leute* oder *Landidee* tragen, unterstreichen dies.

Mehr »Land« als heute war in der deutschen Sprache seit den Agrar-Romanen und Hörspielen der 1930er Jahre nicht, als man den Bauernhof schon einmal zum Sinnbild des echten, unverfälschten Lebens stilisierte und der Großstadt allerlei Unschönes vorwarf.[5] Obwohl es immer weniger Menschen gibt, das sollte uns zu denken geben, die noch auf dem Land leben und dort landwirtschaftlich arbeiten möchten.

Kindern vorlesen

Deutlich wird die an den Stereotypen der Vergangenheit ausgerichtete Darstellung des Landlebens vor allem, wenn man sich Kinder- und Schulbücher ansieht. Der Wunsch, beim Vorlesen für einen Moment selbst in eine gütige Welt mit »Kikeriki« rufenden Hähnen, das Schweden von »Pettersson und Findus« und natürlich Astrid Lindgrens »Kindern von Bullerbü« zu flüchten, sagt viel über uns und unsere Zeit. Denn es sind die Erwachsenen, die Bilder der so gewünschten besseren Vergangenheit in die Gegenwart hinein verlängern möchten. Vielleicht weil sie daheim ein Gegengewicht zu all den Smartphones und Tabletts schaffen wollen, mit denen man bereits Grundschulkinder »fit für die Zukunft« machen will?

Die Erzählung von dunklen Wäldern und löwenzahnbewachsenen Wiesen setzt sich fort, wenn man morgens gemeinsam am Frühstückstisch sitzt und die grafische Gestaltung der Packungen für Wurst, Käse und Milch »beim Wort« nimmt. Aus Sicht der Verbraucher sollten bäuerliche Betriebe offenbar am besten noch immer so aussehen wie anno dazumal. Persönlich, klein und mit Menschen, die sich erfüllt vom Tagwerk auf ihren Rechen stützen und in die Kamera lächeln. Und jeder Werbespot, der glückliche Kühe und weißbärtige Alm-Öhis zeigt, die das Gras mit der Sense mähen, macht die Diskrepanz zwischen realer und virtueller Welt nur umso deutlicher.

Eine Forscher-Gruppe des renommierten Johann Heinrich von Thünen-Instituts, dem Bundesforschungsinstitut für Ländliche Räume, Wald und Fischerei, fasste diese Diskrepanz einmal mit den nüchternen Worten zusammen: »*Den meisten Teilnehmern war bewusst, dass viele Veränderungen in der Landwirtschaft im Zuge der allgemeinen wirtschaftlichen Entwicklung erforderlich sind bzw. waren. Trotzdem bestanden vielfach immer noch romantische Bilder einer ›bäuerlichen‹, vielfältigen und klein strukturierten Landwirtschaft.«*[6]

Unter dem Strich konstatierten die Experten, dass die meisten Bürger die heutige Realität der Landwirtschaft nicht mehr kennen würden. Verbraucher orientierten sich stattdessen an »Bilderbuchwelten oder an den Werbebotschaften des Lebensmittelhandels«. Kein Wunder also, möchte man meinen, dass die Menschen so reagieren, wie sie reagieren, wenn sie den Fernseher anschalten und dort verstörende Berichte über den Ackerbau oder die Tierhaltung sehen. Sie können es kaum besser wissen.

Landwirtschaft ohne Bauern

Soweit die Bestandsaufnahme, was aber folgt daraus? Kann man Wunschwelt und Realität besser vermitteln, als dies gegenwärtig geschieht? Gibt es vielleicht auch medial einen Mittelweg zwischen »konventionell« und »bio«?

Wer sich mit diesen Fragen befasst, stößt schnell auf ein Problem, das dringend auf die Entdeckung durch ein größeres Publikum wartet. Und das zu dem scheinbaren Paradox führt, dass konventionelle und alternative Landwirtschaft einander noch brauchen werden, wenn es um die Zukunft eines nachhaltigen Ackerbaus mit weniger Chemie und mehr moderner Technik geht. Also Innovationen »von der Ackerfurche bis zur Cloud«, wie Julia Klöckner in einer ihrer ersten Bundestagsreden als Bundeslandwirtschaftsministerin sagte.[7]

Wenn Landwirte nämlich in der bisherigen Weise weiterwirtschaften und den Verbraucher nur dadurch zu gewinnen versuchen, indem die Preise immer weiter sinken, wird ein Gutteil von ihnen zwischen Weltmarkt, Bodenpreisen, Marktkonzentrationen, Subventionstöpfen, Fragen der Hof-Nachfolge, neuen Berufs- und Familienbildern und so weiter aufgerieben werden. Vor allem aber könnten sie Leidtragende der sogenannten »vertikalen Integration« werden.

Ich kenne diesen Begriff aus meinem Berufsalltag als etwas Positives. Er bezeichnet im Zusammenhang mit Industriebetrieben eine Organisationsform, bei der alle Elemente einer Produktion aus Effizienzgründen miteinander vernetzt werden, so dass Liefer- und Wertschöpfungsketten besser in einer Hand liegen. Kommt es in der Landwirtschaft allerdings zu solch einer »Synergiebildung«, bedeutet das auf dem Acker und im Stall langfristig den Verlust von etwas, was bäuerliche Tätigkeit seit Jahrhunderten ausmacht: Unabhängigkeit, Selbstbestimmtheit, ja, ein Lebensgefühl.

Wie das aussieht, kann man heute bereits in der Geflügelhaltung besichtigen. Bauern agieren hier oft als vertraglich gebundene »Lohnmäster« von einigen wenigen Großbetrieben oder Handelsunternehmen. Sie bekommen nur noch Jungtiere geliefert und liefern einige Wochen später fertige Schlachttiere ab. Und zwar nach Konditionen, die nicht mehr sie selbst bestimmen.

Dass dies nicht gleich den vielzitierten Untergang des Abendlandes bedeuten muss, liegt auf der Hand. Und ein Lohnmäster, der mit seinem Geschäft zufrieden ist, dürfte sich kopfschüttelnd abwenden und »Noch so ein Romantiker!« rufen, wenn er dies liest.

Denkt man diese Form des Effizienzstrebens allerdings zu Ende, kommt man selbst als Anhänger einer technischen Moderne ins Grübeln. Denn die unübersehbaren Kostenvorteile von Vertragsunternehmen in Tierzucht und -mast – ein etwas kleidsameres Wort für »Lohnmäster« – dürften dazu führen, dass immer weniger Landwirte ihren Beruf in einer Weise ausüben, die dem eigenen Selbstbild entspricht. Einmal ganz abgesehen davon, dass es den »Hof« dann auch nicht mehr braucht. Heute schon findet man in Polen oder Rumänien auf x-beliebige Wiesen hingestellte Ställe mit allem Drum und Dran. Sie werden von Mitarbeitern bewirtschaftet, die heute dies und morgen das tun. Ohne Bindung an *ihren* Hof und die ihnen nahestehenden ländlichen Räume.

Die aus meiner Sicht zentrale Frage jenseits von »konventionell« und »bio« lautet darum: Ist der ländliche Raum in Zukunft noch ein Ort zum Arbeiten *und* Leben? Oder wird er ein reiner Produktionsraum sein?

Das Land als Investitionsobjekt

Eine Landwirtschaft ohne Landwirte, bei der Bauern nur noch »Zuschauer« wären, wie es der schleswig-holsteinische Bauernpräsident Werner Schwarz in einem Gespräch ausdrückte, das ich mit ihm für dieses Buch geführt habe – sie ist vielleicht noch eine Fiktion. Deutlich konkreter sind aber Entwicklungen, bei denen der wirtschaftliche Nutzen der Landwirtschaft nicht mehr im eigentlichen Ernteertrag für Nahrungsmittel liegt.

Der Bestsellerautor Stefan Klein hat im Herbst 2017 in einem Essay für die *Süddeutsche Zeitung* beschrieben, wie heute in der Uckermark vor allem infolge der Energiewende gewirtschaftet wird.[8] Der neue Großagrarier, schreibt Klein, stamme von der holländischen Grenze und sei nur an einem Tag in der Woche vor Ort. Ihm gehöre eine unvorstellbare Fläche, eine Flurkarte mit roter und grüner Schraffur hänge in seinem Büro, auf der sich ein Reaktor für die Vergärung von Feldfrüchten neben den anderen reihe. »Landwirten« wie dem hier beschriebenen geht es nämlich nicht um den Getreideanbau und das Korn, das anschließend in der Mühle am rauschenden Bach gemahlen wird: »Land« ist hier nur noch Maismonotonie zur Energiepflanzengewinnung, wie Kritiker es ausdrücken.

Damit einher geht eine dramatische Veränderung, was die Besitzverhältnisse angeht. Über 30 Prozent der Flächen in Mecklenburg-Vorpommern, habe ich einem Radiofeature entnommen, gehören heute bereits nichtlandwirtschaftlichen Investoren. Das Tabakunternehmen Reemtsma zählt dazu ebenso wie der Möbelkonzern Steinhoff, die Reiterlegende Paul Schockemöhle oder der Brillen-Hersteller Fielmann. Während es im nordöstlichen Bundesland zur Wendezeit noch rund 188.000 Beschäftigte in der Landwirtschaft gab, sind es heute gerade einmal 21.000.[9] Die Betriebe, schrieb der *Tagesspiegel* schon 2013, sind dabei größer, als es die der »Junker jemals waren«.[10]

Mich erinnern solche Schilderungen meiner Heimat an die geschichtslosen Großbaustellen für Hotels oder Konzertsäle in Katar oder Dubai. An eine neue »Vermessung der Welt«. Die Folgen dieser Entwicklungen könnten für manche ländlichen Räume dabei gravierend sein. Denn Landwirte, die nicht mehr vor Ort leben, nehmen am dörflichen Leben nicht mehr teil. Man findet sie nicht in Sport- und Skatvereinen, Kirchen, der Freiwilligen Feuerwehr oder dem Angelverein. Wo aber keine Menschen mehr sind, da gibt es keine Schulen und Kindergärten mehr, da vergreisen und sterben die Dörfer. So auch in unserem Dorf.

Ich habe den Eindruck, dass weder manchen Bauern noch ihren Kritikern klar ist, was hier im Gange ist. Und auch viele der nachhaltigkeitsbewussten Städter, die den Umbau der Landschaft zu riesigen Grünstrom-Reservaten für eine gute, weil klimafreundliche Angelegenheit halten, dürften die Konsequenzen dieser Entwicklung nicht wirklich erkannt haben.

Wenn sich Zahnärzte, Möbel- oder Brillenhersteller in die Landwirtschaft einkaufen, wenn Fonds im Auftrag ihrer Anleger Solar- und Windparks übernehmen, ist das in einer Marktwirtschaft nur recht und billig. Zugleich geschieht aber etwas sehr Merkwürdiges. Etwas, das nicht mehr in unsere eingeübten Kategorien von »guter« oder »schlechter« Landwirtschaft passt, von »konventionell« oder »bio«. Etwas Drittes, das überhaupt nichts mehr mit Landwirtschaft zu tun hat.

Vertikale Integration im Handel

Werfen wir in diesem Zusammenhang noch einen Blick auf den Handel. Auch hier zeichnet sich ein Trend ab, der im Sinne einer vertikalen Integration das Verkaufen anonymisiert. Von einem System, das man »Amazon Agrar« nennen könnte, sind wir dabei noch weit entfernt. Auch wenn es heute schon »Amazon Fresh« gibt, einen Online-Handel, dessen Verkaufsargument lautet, Lebensmittel innerhalb von zwei Stunden zum Kunden liefern zu können. Auf diese Weise macht Amazon Fresh dem stationären Handel Konkurrenz.

Lassen wir die ökologische Seite zunehmender Güterverkehre einmal außen vor: Für den Kunden bedeutet das ein Gewinn an Bequemlichkeit: keine Wege, keine Parkplatzsuche, kein Anstellen mehr, eine prima Sache also. Das Potenzial des Warenhandels im Internet ist dabei noch nicht annähernd ausgeschöpft. Gerade weil dieser helfen kann, Spezialprodukten den Weg zu anspruchsvollen Verbrauchern zu ebnen oder bei Standartprodukten einfach per Klick zu bestellen. So ist der Onlinehandel in den als »Benchmark« geltenden USA von 0,2 Prozent am Gesamteinzelhandel vor 20 Jahren auf heute 9 Prozent geklettert – das ist 45-mal so viel.

Auch Landhändler in Deutschland diskutieren deshalb, ob sich beim Kaufen etwa von Dünger neue Mitspieler zwischen Anbieter und Kunden schieben werden. Man nennt diese neuen Akteure in anderen Industrien »Intermediates«: virtuelle Plattformen, die Preise und Verfügbarkeiten vergleichen und so jenes Geschäft machen, das früher langjährige Vertriebsmitarbeiter für einen Hersteller sicherten.

Was für den Handel zwischen den Akteuren in der Landwirtschaft gilt, gilt deshalb am Ende auch für das Verhältnis der Landwirte zu ihren Kunden: Der Verbraucher wird genauso, wie er den Anspruch erhebt, eine Kleinstbestellung aus dem Internet zu Weihnachten oder zum Kindergeburtstag am nächsten Tag im Briefkasten zu haben, keinerlei Kompromisse hinsichtlich der Liefergeschwindigkeit und Auswahl machen, wenn es um Möhren und Kartoffeln geht. Die Landwirtschaft wird dadurch noch gravierender, als sie es heute ohnehin schon ist, in einen Modus der Echtzeit gezwungen, was Liefertreue und Variabilität des Angebots anbelangt. Egal ob der Abnehmer eine Kette ist oder ein Privathaushalt. Weil wir es so wünschen und alles möglichst »frisch« sein soll.

Vertikale Integration bedeutet dann auch, die längst existierenden Handelsmarken wie »Ja!« von REWE oder

»Gut und Günstig« von EDEKA konsequent zu Ende zu denken. Mit Betrieben, die ausschließlich für eine Marke arbeiten, und zwar mit allen Vor- und Nachteilen. Dass solche geschlossenen Ökosysteme nicht immer im Sinne der Bauern sind, lese ich zwischen den Zeilen im »Situationsbericht« des Bauernverbands, wenn dieser mit Blick auf die Fleischwirtschaft mit folgender Aussage aufwartet: »*Die Konzentration kommt auch darin zum Ausdruck, dass viele Schlachtunternehmen durchgehende Verarbeitungsketten vom Lebendtier bis zum verpackten Frischfleisch oder zur Wurst aufgebaut haben. Bedeutende Akteure sind mittlerweile die Fleischwerke des Handels.*«[11]

Ein »dritter Weg«

Ich möchte in diesem Buch angesichts der nur schemenhaft angedeuteten Entwicklungen darum eine Lanze für die Landwirtschaft brechen, ohne berechtigte Kritik an ihr auszublenden. Dazu gehört auch, dass wir uns um Lösungen bemühen, anstatt die Bauern pauschal zu stigmatisieren. Denn aus Sicht vieler Landwirte haben die gegen sie gerichteten Vorwürfe ein nie gekanntes Ausmaß angenommen, kommen die Einschläge auch zeitlich immer kürzer und heftiger.

Ein in der Branche besonders stark diskutierter Beleg dafür waren die Anfang 2017 im Auftrag der damaligen Bundesumweltministerin Barbara Hendricks entwickelten »Neuen Bauernregeln«, die einen Sturm der Entrüstung auslösten. Sie sollten den Landwirten eigentlich mit Humor zeigen, wie diese ihre Arbeit zu tun hätten. Doch der Schuss ging angesichts von Sätzen wie »Steht das Schwein auf einem Bein, ist der Schweinestall zu klein«

oder »Zu viel Dünger, das ist Fakt, ist fürs Grundwasser beknackt« nach hinten los. Die dünnhäutig wirkende Reaktion der Landwirte machte hierbei deutlich, wie unverstanden sie sich von der Ministerin fühlten, die ihre Sorgen zumindest kennen sollte. Statt wahrgenommen, fühlten sie sich von Leuten, die keinen Stall von innen kannten und denen die Probleme der Landwirte offenbar egal waren, ironisch an den Pranger gestellt.

Was hier wie so oft fehlte, ist ein Denken, das nicht mehr apodiktisch zwischen »richtig« und »falsch« trennt, sondern das Bewusstsein für Produktivität mit dem Bewusstsein für Nachhaltigkeit verbindet. Grünen-Chef Robert Habeck hat dazu kürzlich bemerkt: »*Ich will nicht zurück zu einer Bullerbü-Landwirtschaft mit drei Schweinen und zwei Hühnern. Wir wollen auch den Bauern in Afrika nichts vorschreiben. Ich möchte aber, dass unsere Fehler anderen erspart bleiben. Wir dürfen die Landwirte nicht in eine neue Abhängigkeit treiben*«.[12]

Solche Sätze finde ich bemerkenswert, obwohl es keine andere Partei gibt, die es den Bauern so schwermacht wie die Grünen. Und obwohl gerade die Grünen diejenige Partei sind, die vor allem dort gewählt wird, wo es keine oder nur wenig Schnittstellen mit Natur und Landwirtschaft im Alltag gibt. Aber das erscheint mir zweitrangig. Denn genau darum geht es heute: dass Dinge in Bewegung kommen, es um Ergebnisse statt Ideologien geht. Um neue Wege, statt um Tugendreiterei.

Neue Städter braucht das Land

Die Debatte um die Landwirtschaft hat noch eine weitere Dimension, die nicht so sehr mit Acker und Stall zu tun hat. Sie betrifft das steiler werdende kulturelle Gefälle zwischen Stadt und Land. Der *ZEIT*-Journalist Henning Sußebach, der für das Konsumklima des Prenzlauer Berg einmal den Begriff »Bionade-Biedermeier« erfand, hat in seinem Buch »Deutschland ab vom Wege« beschrieben, was gesellschaftliche Abkopplung gegenwärtig bedeutet.

Sobald eine politische Entscheidung die Stadt verlasse und sich auf dem Land materialisiere, schreibt er, interessierten die Konsequenzen in der Stadt niemanden mehr.[13] Abkopplung gebe es deshalb nicht nur im wirtschaftlichen und sozialen Bereich, sondern auch kulturell – und zwar ganz anders, als wir es aus unserer Kindheit erinnern, als »das Land« eben das Land war, irgendwie provinziell, uncool, vor sich hin dümpelnd in einer Welt, die nach eigenen Regeln funktionierte.

Das Land, so Sußebach, müsse heute in wichtigen Bereichen wie der Energieerzeugung und Nahrungsmittelproduktion weitaus stärker als in der Vergangenheit hinnehmen, was die Stadt als Zeitgeist definiere. Er schildert in diesem Zusammenhang einen sich machtlos fühlenden Anwohner einer Windkraftanlage. Diese wird, ohne dass man Rücksicht auf den größer werdenden Schlagschatten nimmt, einfach gegen ein höheres Windrad ausgetauscht. Einmal genehmigt – immer genehmigt. Die Branche nennt das dann sportlich »Repowering«.

Nicht anders verhält es sich mit den Anforderungen an die Viehzucht und den Ackerbau. Denn tatsächlich kann man fragen, ob das tagtägliche Thematisieren von Pflanzenschutzmitteln eine Einmischung derer darstellt, für die sich anders als für die betroffenen Landwirte nicht das Geringste ändert. Oder die Forderung, mit Blick auf den Klimawandel treibstoffärmere Landmaschinen einzusetzen.

Da wäre der Landwirt dann eben gezwungen, einen neuen Schlepper zu kaufen, obwohl der alte Traktor noch nicht einmal abbezahlt ist, na und? Und der Autor fragt mit einigem Recht, wann er als Städter eigentlich jemals die Konsequenzen für seine moralischen Überzeugungen wie den Atomausstieg tragen musste, von einer zu verschmerzenden Erhöhung seiner Stromrechnung vielleicht abgesehen. Mit dem Bahnhof vor der Tür sei der Verzicht aufs Auto leicht gefordert. Sußebachs streitbares, aber wichtiges Fazit: Auf dem Land werde umgesetzt, was den Städtern ein moralisch integres Leben ermögliche. Und ich würde hinzufügen: sie hinsichtlich unbequemer Dinge wie der Tierhaltung entlastet.

Weshalb wir miteinander sprechen müssen

Es geht beim Komplex Landwirtschaft somit auch um Fragen, die zwischen einem urbanen Publikum und denen verhandelt werden, die Geflügel- oder Schweinezucht fernab der Städte betreiben. Um Menschen, die man wegen der Gabe von Medikamenten an Tiere mal eben pauschal als Drogenhändler im Stall bezeichnen darf. Um dann zum nächsten Talkthema überzugehen, während der Reputationsschaden für die Betroffenen lange nachhallt. Der Grünen-Politiker Jürgen Trittin hat genau das im Wahlkampf 2013 getan.[14]

Landwirte stehen deshalb synonym für die Auseinandersetzung um Bilder und Meinungen im Zeichen der modernen Medienwelt. Denn die meisten von uns machen sich keine Gedanken darüber, was Landwirte tun, sondern sehen ihnen aus der Zuschauerrolle zu. Sozusagen vom Rand des »Lagerfeuers« aus.

Dass wir trotzdem zu allem eine Meinung haben und glauben, wir nähmen Anteil an ihrem Tun, zeigen nicht zuletzt diese Zeilen eines Laien. Aus keinem anderen Grund vermitteln stimmgewaltige Akteure der Öffentlichkeit den Eindruck, dass sie die besseren, die verantwortlicheren Landwirte wären. Und dass das, was wir im Fernsehen an negativen Dingen zu sehen bekommen, die ganze Wahrheit sei, ein Spiegelbild *der* Landwirtschaft in Gänze. Doch das stimmt nicht.

So mancher verweist dabei nicht nur auf objektive Missstände, sondern ist sich sicher, dass sich hinter der sichtbaren Welt noch eine andere, eine bessere Welt befinde, die mit Vorsatz verhindert werde. Das glaube ich nicht. Genau wie ich die Überlegenheit eines »Naturzustands« bezweifle, den man in einer Jahrhunderte alten Kulturlandschaft wie Deutschland mit Waldrodungen, Moortrockenlegungen, Bewässerungs- und Meliorationsgräben, Parks und Gärten, Wiesen mit lieblichen Ansammlungen von Schafen und Rindern unter Weiden wieder herbeiführen könnte, während alles andere so bliebe, wie es ist! Fraglos gibt es aber Wege, die Realität verantwortlicher zu gestalten, als dies heute mancherorts geschieht. Davon handelt dieses Buch.

Was ich anbieten möchte, ist kein Masterplan, welchen Weg die Landwirtschaft in Zukunft gehen muss, um verantwortlicher zu handeln, und trotzdem wettbewerbsfähig zu bleiben. Ich möchte aber deutlich machen, dass die Landwirtschaft nicht nur ein jahrhundertealter Teil unserer Gesellschaft ist, sondern dass sie zu wichtig ist, als dass wir sie in Auseinandersetzungen zerreiben und zum Gegenstand ideologischer Grabenkämpfe machen wie einst die Atomkraft.

Insofern ist dieses Buch ein Weckruf, bei allen notwendigen Kontroversen zu einem Dialog zurückzufinden. Wenn nämlich Teile der Öffentlichkeit in einem

Skandalisierungsmodus verharren und »Tierrechtsor-
ganisationen« Bilder politisch unliebsamer Agrarpoli-
tiker auf Twitter wie Fahndungsfotos veröffentlichen,
stärken sie damit nur die Hardliner innerhalb der Landwirtschaft. Jene, die aus Selbstschutz auf stur schalten.[15]
Wenn die konventionelle Landwirtschaft ihrerseits
jede öffentliche Kritik als unberechtigte Einmischung
abwehrt, wird sie sich weiter von der Gesellschaft entfernen – und jene übergroße Gruppe an Menschen verlieren, die ihr im Grunde wohlwollend oder zumindest
gleichgültig gegenübersteht.

Die Branche sollte deshalb möglichst emotionslos
prüfen, was an der Kritik berechtigt ist und was nicht.
Denn der öffentliche Druck hat angesichts der Mechanismen, nach denen Politik im Medienzeitalter funktioniert, die Kraft, Branchen umzukrempeln, unabhängig
vom fachlichen Für und Wider. Energieversorger, deren
Börsenwert innerhalb weniger Jahre drastisch gesunken
ist, können hiervon ebenso ein Lied singen wie Auto-
mobilhersteller, die man gerade in Sachen Abgase nach
Berlin zitiert.

Und doch gibt es einen gewaltigen Unterschied zuun-
gunsten der Landwirtschaft: Die Produkte der Automo-
bilwirtschaft sind »emotional« und lösen ein über Jahrzehnte eingeübtes Markenversprechen von Wohlstand,
Dynamik und Freiheit ein. Für Milch oder Brot gilt das
nicht. Sie haben keinen echten Markenwert für uns,
den wir mitbezahlen. Mehl und Eier, die in einen Tor-
tenboden wandern, haben genauso wenig ein »Image«
für den Verbraucher wie eine anonyme Hähnchenbrust.
Das muss die Landwirtschaft immer im Hinterkopf behalten.

Ein neuer Gesellschaftsvertrag

Es ist darum Zeit für einen neuen Gesellschaftsvertrag mit der Landwirtschaft, ohne sie zu schonen. Denn eines habe ich während vieler Stunden mit Landwirten erlebt: eine vom öffentlichen Bild abweichende große Offenheit und bisweilen ratlose Suche nach einem Link zum Verbraucher oder den Medienvertretern. Der selbstgerechte Ton, den ich bisweilen in der Öffentlichkeit zu diesem Thema wahrnehme, ist mir dort trotz einer offenkundigen Distanz zu meiner Person und meinem städtischen Hintergrund nie entgegengetreten, im Gegenteil.

Ich habe auch keinen Landwirt getroffen, der glücklich gewesen wäre, für ein Kilogramm Schweinefleisch von seinem Abnehmer 1,50 Euro zu erhalten. Oder 26 Cent für den Liter Milch, die dann für einen Preis im Supermarkt angeboten wird, der auf dem Niveau von Markenmineralwasser liegt. Keinen einzigen! Jeder der Landwirte bestätigte mir, dass er unter der Marktmacht des Handels leide, der von klassischen Discountern übrigens ebenso wie unter der von nicht minder hart kalkulierenden Bio-Discountern wie Bio Company, Allnatura oder Denns, was für mich eine Chiffre ist für: unter der Marktmacht von uns Konsumenten.

Wissend, dass Mieten, Bahntickets, Schwimmbäder, Kinokarten und vieles andere in den Städten teurer werden, es nicht wenige prekäre Arbeitsverhältnisse in Ballungsräumen gibt, die Hoffnungen daher begrenzt sind, einen Bewusstseinswandel hin zu höheren Preisen für Landwirte zu erzielen, gilt unvermindert, dass wir Verbraucher an den Stellschrauben drehen können, wenn es um mehr Tierwohl und blühende Feldränder geht.

Ein Mecklenburger Rinderzüchter mit dem gutmütigen rundlichen Äußeren des Schauspielers Heinrich

George brachte die Sehnsucht nach einer heileren Welt mir gegenüber einmal auf die Formel: »Das können wir alles wieder haben. Wenn die Deutschen entweder selbst in der Landwirtschaft arbeiten, oder nicht zweimal im Jahr in den Urlaub fahren. Und statt neuen Smartphones und Fernsehern mehr Geld für gutes Essen und gute Milch ausgeben.«

Weil ein solches Szenario zwar sympathisch klingt, aber flächendeckend kaum mehr Wirklichkeit werden dürfte, braucht es moderne Zucht- und Erntemethoden, Impfstoffe und Pflanzenschutz, Lagerung und Logistik. Allein deshalb, um mit immer weniger Arbeit hohe Erträge zu erzielen.

Nur: *Erzählen* müssen wir dieses letzte Kapitel der rund 12.000 Jahre dauernden Geschichte der Landwirtschaft offenkundig anders und besser. Fangen wir damit an, zum Beispiel mit einem nüchternen Blick auf das so gelobte Land.

2. DAS LAND

»Kein schöner Land in dieser Zeit«, so beginnt eines der bekanntesten deutschen Volkslieder. Spätestens seit der Wandervogelbewegung, die in den *Roaring Twenties* des letzten Jahrhunderts den Einklang mit der Natur als Gegenbild zum Stadt-Kult suchte, lud man das Landleben glühend auf und stellte einen patriotischen Bezug her. »Als hier das uns're weit und breit. / Wo wir uns finden wohl unter Linden zur Abendzeit.«

Doch dieses Land: Was ist das eigentlich? Und was macht es heute wieder so attraktiv trotz breit ausgebauter Bundesstraßen, Schienen für Schnellzüge, Stromtrassen, Rechenzentren, großen Stallungen und all dem anderen, das sich neben den Linden zur Abendzeit bei genauem Hinsehen dort eben auch findet?

Stadt – Land – Fluss

Bereits im Kindesalter lernen wir, dass die Geografie drei Sphären unterscheidet. Etwa dann, wenn wir »Stadt – Land – Fluss« spielen. In Wirklichkeit sind die drei entscheidenden Sphären aber landwirtschaftliche Flächen, Wälder und Städte. Den weitaus größten Teil der rund 357.000 Quadratkilometer, welche die Bundesrepublik an Fläche umfasst, nutzt dabei die Landwirtschaft, nämlich 51 Prozent. Auf Platz zwei folgen die Wälder mit rund 30 Prozent. Und erst den dritten Rang in der Statistik der Flächennutzung belegen Städte und Verkehrsinfrastrukturen, die zusammen rund 14 Prozent der Fläche Deutschlands »verbrauchen«. Allerdings mit steigender Tendenz, während die landwirtschaftlich genutzte Fläche abnimmt. **49**

Ursächlich für diese Entwicklung ist vor allem die Zunahme des Flächenbedarfs für Häuser, Gewerbegebiete und Verkehrsinfrastrukturen – für Phänomene also, die man sozialgeografisch unter dem Begriff »Verstädterung« zusammenfasst. Mancher spricht in diesem Zusammenhang auch von »Flächenfraß«. Und tatsächlich haben diese Flächen zwischen 2000 und 2015 um 11 Prozent zugelegt.

Die meisten landwirtschaftlich genutzten Flächen gibt es heute im Norden und im Nordosten der Bundesrepublik. Schleswig-Holstein führt mit rund 70 Prozent, während es in Niedersachsen, das sich als »Agrarland Nr. 1« vermarktet, 55 Prozent sind. In Berlin werden dagegen nur 4 Prozent der Flächen landwirtschaftlich genutzt. Ich werde auf diese Zahl im Tier-Kapitel zurückkommen, wenn es um die Frage nach der Möglichkeit der größeren »Selbstversorgung« von Städten geht.

Was die Verteilung der rund 82 Millionen Einwohner der Bundesrepublik auf diese Fläche angeht, kann von einer »Landlust« hingegen nicht annähernd die Rede sein: Von den rund 4.500 Gemeinden in Deutschland sind zwar nur 30 Prozent Städte und 70 Prozent ländliche Kommunen und Dörfer. In den Städten leben aber 75 Prozent der Bevölkerung – und nur 25 Prozent wirklich auf dem Land.[1] Denn gleichzeitig zum Land-Kult üben Städte eine große Anziehungskraft aus: Junge Menschen studieren hier und sehen zumeist die besseren Berufschancen. Und auch vielen Älteren bieten Städte eine bessere Versorgung, so dass sie vom Land wegziehen.

Im Jahr 2030 werden Prognosen zufolge fast 80 Prozent aller Deutschen in Städten leben. Man kann sich selbst mit einer gehörigen Portion Optimismus vorstellen, welche Folgen dies für das Antlitz ländlicher Räume haben dürfte.

Das Verschwinden des Bauerntums

Die unaufhaltsame »Stadtlust« der Deutschen und der nicht zu leugnende Trend zur Urbanisierung geht einher mit einem sonderbaren Phänomen: Kein anderer Gegensatz durchzieht die erzählte, aufgeschriebene und verfilmte Geschichte der deutschen Landschaft so sehr wie der zwischen Stadt und Land, wobei sich mancher gern an Stereotypen abarbeitet. Und was für welchen!

Drehbücher werden eben nur selten von Landwirten geschrieben. Nicht nur im Hannover-»Tatort« mit Maria Furtwängler sind die Landeier deshalb zumeist störrische, oft zwanghafte Gestalten, die ihre Opfer schon mal in der Jauche-Grube entsorgen oder den hungrigen Schweinen zum Fraß vorwerfen, was einen auf der Couch schier verzweifeln lässt.

Seit dem letzten Jahrhundert dominieren daneben in der Literatur solche Schilderungen des Landlebens, die es als Ort regelrechter Martyrien für uneheliche Kinder, Tagelöhner, Mägde und Knechte zeigen, etwa in Franz Innerhofers Roman »Schöne Tage«. Sie unterscheiden sich zumindest fundamental von der »Bergdoktor«- und »Forsthaus Falkenau«-Welt, in die das Fernsehen vorabendlich einlädt. Und natürlich der vom »Landarzt«, welcher zwischen 1986 und 2012 in sagenhaften 297 Episoden ausgestrahlt wurde.

Auch die Natur ist in solchen Serien eine ganz andere als in der Literatur, nämlich viel idyllischer und sonniger. In den literarischen Zeugnissen zeigt sich die Härte des Natürlichen oft in Gestalt nebliger oder regnerischer Tage, aber auch feuchter, lichtarmer Räume, eiskalter Fußböden und der Dunkelheit des Schweinekobens, den man beim Lesen etwa von Robert Seethalers Publikumserfolg »Ein ganzes Leben« regelrecht nachfühlen kann.

Schon beim flüchtigen Betrachten stellt man also fest, dass die Gegensätze merkwürdig eng beieinanderliegen: Einerseits das Land als Ort der Entbehrungen und des oftmals so empfundenen sozialen oder familiären Terrors in der Literatur, wobei es auffallend oft süddeutsche oder österreichische Autoren sind. Andererseits das Land der emotionalen Romantik im heutigen Fernsehen – auch wenn alle wissen, dass immer weniger junge Mediziner auch »Landarzt« werden wollen. Denen, die es trotzdem wagen, werden mancherorts rote Teppiche ausgerollt.

Wer sich die historischen Fakten genauer ansieht, erkennt darum schnell, dass die ländliche Realität früher eher Robert Seethalers Schilderungen entsprach als der lieblichen Bildwelt aus den Heften der *Landlust*-Familie oder im »Forsthaus Falkenau«. Denn das Land war im 20. Jahrhundert so gravierenden Wandlungsprozessen unterworfen, dass allein diese Brüche die Illusion einer ländlichen Unberührtheit zerstören. Und zwar nicht nur in Deutschland, sondern auch in anderen ehemaligen Agrarstaaten wie Frankreich.

»Ich gehöre zu einem verschwundenen Volk«, zitiert der Historiker Ulrich Raulff den bekannten französischen Kunsthistoriker Jean Clair, geboren 1940 als Sohn einer Bauernfamilie: »*Bei meiner Geburt machte es noch 60 Prozent der französischen Bevölkerung aus. Heute sind es keine 2 Prozent mehr. Eines Tages wird man anerkennen, dass das wichtigste Ereignis des 20. Jahrhunderts nicht der Aufstieg des Proletariats war, sondern das Verschwinden des Bauerntums.*«[2]

In Deutschland bleibt die Wahrnehmung von Land und Landwirtschaft im Unterschied zu Frankreich zudem unvollständig, wenn man nicht ein gewisses »Trauma« im Gefolge des Zweiten Weltkriegs in Rechnung stellt. Stadtmenschen waren in der Nachkriegszeit oft gezwungen zu »hamstern«. Das heißt, sie brachten Wertgegenstände, die den Krieg überstanden hatten, aufs Land, um sie gegen Lebensmittel einzutauschen. Ich hörte in meiner Familie mehr als einmal von Teppichen, die in Kuhställen gelegen hätten, weil die Bauern nicht wussten wohin mit den Schätzen, die sie buchstäblich für »einen Apfel und ein Ei« erworben hatten. Könnte die tiefsitzende Distanz mancher Städter zum Dorf somit auch eine späte Rache für jenes Trauma des Ausgeliefertseins sein, das ihre Eltern und Großeltern in der Nahkriegszeit erlitten haben? Das wäre wohl selbst ein Stück weit »Literatur«.

Kein Zuckerschlecken: Arbeit auf dem Land

Die gewisse »großbäuerliche« Herrlichkeit, der sich viele auch kleinere Landwirte in der Nachkriegszeit erfreuen konnten, war historisch gesehen allerdings nur eine einmalige kurze Episode. Das bäuerliche Milieu, das ebenso wie die Arbeiterschaft, das städtische Bürgertum und der Adel sozialwissenschaftlich gut erforscht ist, wandelte sich nach dem Zweiten Weltkrieg so schnell und radikal wie nie zuvor.

Abgesehen von einigen tatsächlichen Großbauern, betrieben die meisten Landwirte bis dahin Selbstversorgung. Das heißt, dass sie die produzierten Nahrungsmittel entweder selbst verbrauchten oder regional verkauften. Von modernen landwirtschaftlichen Betrieben, die für einen Weltmarkt mit unbekannten Kunden wirtschafteten, waren die Höfe noch weit entfernt.

Das prägte auch den Alltag der Bauern. »Im Unterschied zur nichtbäuerlichen Arbeit gab es noch keine klare Trennung von Arbeit und Freizeit«, beschreibt der

Sozialhistoriker Hartmut Kaelble einen Zustand, den noch heute viele Landwirte als Kennzeichen ihrer Arbeit ansehen.[3] Wer einen Hof hatte, war immer in der Verantwortung, was einen zentralen Unterschied zu industrieller Lohnarbeit und ihren sozialpolitischen Errungenschaften in Deutschland seit dem 19. Jahrhundert darstellte. In Ostdeutschland bekam dieses für die bäuerliche Identität so wichtige Phänomen mit der Bodenreform und der Schaffung der Landwirtschaftlichen Produktionsgenossenschaften aus bekannten Gründen ein anderes Gesicht. Es trug Züge der Lohnarbeit auch in die Landwirtschaft im großen Stile ein.

Bäuerliche Arbeit bedeutete demnach fortwährende Beanspruchung, wenngleich in saisonalen Rhythmen des intensiveren und schwächeren Arbeitsanfalls. Diese Rhythmen gingen abhängig von der Hofgröße einher mit einer starken physischen Beanspruchung der gesamten Familie. »Kinder waren vom frühen Alter an genauso in den Arbeitsprozess einbezogen wie Ehefrauen, unverheiratete Familienmitglieder genauso wie die Alten«, so Hartmut Kaelble.

Bereits im 19. und 20. Jahrhundert kann man vor dem Hintergrund der saisonalen Zyklen auch das Phänomen der vagabundierten Arbeitskräfte beobachten, die sich als »Mäher« oder Erntehelfer auf den Höfen verdingten und ihre Arbeitskraft verkauften. In der sozialen Rangfolge standen diese »Fremden« ganz unten. Das Werk des märkischen Lyrikers Peter Huchel hält diese Wirklichkeit beispielsweise im Gedicht »Der polnische Schnitter« fest: »Acker um Acker mähte ich, / kein Halm war mein eigen.«

Dass der Lebensstandard in der Stadt im Durchschnitt damals höher war als auf dem Land, von einer Schicht an reichen Bauern abgesehen, mag man sich heute kaum noch vorstellen angesichts des Idealbilds, ein Haus vor den Toren der Stadt zu besitzen. Aber im Hinblick auf fast alle Parameter der Modernisierung lag der Standard auf dem Land bis in die 1960er Jahre unter dem der Stadt – ob es um die Versorgung mit Frischwasser ging, um die mit Elektrizität oder um die medizinische Versorgung.

Hinzu kam die immer schon geringere soziale »Anbindung« der Landbewohner an die Welt außerhalb der eigenen, kleinen, in der man lebte. Soziale Isolation war ein gängiges Schicksal bäuerlichen Lebens. Man blieb in der Regel, wo man war, zumal die permanente Arbeit ohnehin kaum etwas anderes zuließ. Ehen schloss man mit einem Partner oder einer Partnerin aus dem Dorf, vielleicht – wenn die Konfessionsgrenzen das erlaubten – aus dem Nachbardorf. Scherzhafte Sentenzen wie »Heirate übern Mist, dann weißt du, was du kriegst« oder noch geschäftstüchtiger: »Schönheit vergeht, Hektar besteht«, erinnern an diese Wirklichkeit. Mit Kurschatten, Tanz-Tee, »Fisch sucht Fahrrad« und anderen Annehmlichkeiten des modernen Lebens war da nicht viel.

Wie eng begrenzt die bäuerliche Welt war, zeigt sich deshalb auch an der hohen Zahl von Unverheirateten: Wer keine Partie innerhalb des eigenen oder des Nachbardorfs machen konnte, blieb auf ewig ledig.

»Bauern« und »Landwirte«

Wenn sich die Zahl der Menschen, die in der Landwirtschaft beschäftigt sind, in Deutschland und Frankreich von einer bedeutenden Größe im vorletzten Jahrhundert auf weniger als 2 Prozent in der Gegenwart reduzierte, so hat das seinen Grund vor allem in zwei Entwicklungen: in der Spezialisierung der Landwirtschaft und im technischen Wandel.

Viele Kleinstbetriebe, die vor allem Selbstversorgungswirtschaft betrieben, wurden nach dem Zweiten Weltkrieg binnen weniger Jahrzehnte ersetzt durch moderne landwirtschaftliche Betriebe. Ihr Kennzeichen war die Spezialisierung, die zu einer spürbaren Steigerung der Produktivität führte. Waren bäuerliche Betriebe bis dahin weitgehend »generalistische« Unternehmungen gewesen, in denen Ackerbau und Tierhaltung Hand in Hand gingen, die zugleich Brennmittel produzierten und handwerkliche Tätigkeiten auf dem Hof oder an den Maschinen selbst ausführten – und überhaupt alles in Eigenregie bewerkstelligten, was zum Erhalt des Hofes notwendig war, so bildeten sich jetzt Höfe heraus, die *nur* Ackerbau oder *nur* Tierhaltung oder *nur* Milchwirtschaft betrieben.

Diese Spezialisierung, die heute den Großteil der bäuerlichen Betriebe prägt, hielt vergleichsweise spät Einzug in die Landwirtschaft – gewann dafür aber enorm schnell an Dynamik. Die relativen Produktivitätssteigerungen wuchsen hier sogar stärker als die der Industrie.

Dabei sollte man nicht übersehen, dass die Ursprünge dieser Entwicklung in der Zeit lange vor dem Zweiten Weltkrieg liegen. Man kann dies beispielhaft an Bertolt Brechts frühem Gedicht »Die Erziehung der Hirse« erahnen, welches die blinde Fortschrittsbegeisterung und Zwangskollektivierung der Landwirtschaft nach sowjetischem Vorbild mit Meisterschaft aufs Korn nimmt:

»Erd und Himmel hat es lang gegeben
Doch nun gab es auch noch den Kolchos.
Nicht mehr gab es ›mein Feld hier‹ und ›deins daneben‹
Und die Felder waren plötzlich groß.«

Übrigens wurde nicht nur im Osten nach 1949 general-stabsmäßig auf die Vereinheitlichung und Spezialisie-rung landwirtschaftlicher Betriebe hingewirkt, die ge-wissermaßen den sprachlichen Bruch zwischen »Bauer« und »Landwirt« markierten. Damit ist die Fortführung einer mehr oder minder innerhalb familiengeführter Höfe liegenden Tradition gemeint, die bis heute ein be-sonderes Selbstverständnis und die Bindung an *ein* Stück Land prägt. Beziehungsweise die professionelle, eher ei-nem modernen Anstellungsverhältnis nahekommende Beschäftigung für einen geregelten Lohn.

Wer also mehrere Tausend Hektar hochspezialisiert mit Pflanzen für Biogasanlagen bestellt, dürfte sich an-ders als ein Milchviehbetrieb, der sich seit Generatio-nen im Familienbetrieb befindet, nach dieser Definition kaum »Bauer« nennen. Schon klar: Etwas faule Roman-tik schwingt fraglos auch in solchen Dichotomien mit. Denn zur Wahrheit gehört, dass viele Höfe etwa im »ost-elbischen« Raum bereits vor 1945 auf Größe getrimmt waren. So beschäftigte der bekannte Agrarunternehmer Carl Wentzel, der im Zusammenhang mit dem Stauffen-berg-Attentat des 20. Juli 1944 hingerichtet wurde, im heutigen Sachsen-Anhalt schon in den 1920er Jahren bis zu 40.000 Mitarbeiter.

Das Entscheidende dieser Entwicklung war unter dem Strich, dass die Landwirtschaft bald weit mehr als zur Selbstversorgung notwendig produzierte und das west-liche Europa zu einem der zentralen Agrarexporteure weltweit aufstieg. Gleichzeitig sank überall die Zahl der in der Landwirtschaft Beschäftigten, was Auswirkungen auf die Art und Weise hatte, *wie* gearbeitet wurde. Aus »Bauern« wurden vielerorts »Betriebsleiter« mit einem hohen Maß an Fachkompetenz hinsichtlich *eines* be-stimmten Produktionszweigs.

Neil Armstrong oder: Eine neue Welt

Dieser Wandel veränderte die Lebenswirklichkeit und das Lebensgefühl auf dem Land radikal. Bäuerliche Wissensvermittlung fand erstmals nicht mehr vor allem in Form der Tradierung statt, also als Weitergabe von Kenntnissen innerhalb der Familien, sondern hatte das Erlernen und die Umsetzung des neuesten Wissensstandes zum Zwecke der Produktionssteigerung zum Ziel.

Man konnte auf einmal über eine berufliche Ausbildung oder gar mittels eines Studiums Landwirt werden. Bauer zu sein war hingegen immer Ergebnis eines Hineingeborenwerdens in eine Familie gewesen, war eine Lebensaufgabe, manchmal ein unfreiwilliges Schicksal. Landwirt zu sein war viel eher eine Wahl – ein Akt der Freiwilligkeit aus Kalkül und Abwägung. Viele Betriebe entwickelten sich in der Folge von rein auf Familienmitglieder ausgerichteten Höfen zu solchen, die mit externen »Berufslandwirten« geführt wurden.

Zugleich nivellierten sich die sozialen Unterschiede zwischen Stadt und Land. Technischer Komfort – ob in Gestalt von sanitären Einrichtungen oder Haushaltselektronik – hielt merklich Einzug. 1969 sah man in vielen Gasthöfen mit »Fernsehraum« auch in den entlegensten Alpen-Dörfern die Live-Übertragung der Mondlandung von Neil Armstrong und »Buzz« Aldrin im deutschen, österreichischen oder Schweizer Fernsehen – eine heute in ihrer Dimension kaum noch nachvollziehbare Überwindung räumlicher Grenzen!

Die Mobilität verbesserte sich ebenso wie der Zugang zur Bildung und zu Einrichtungen der Gesundheitsversorgung. So entstand die landwirtschaftliche Sozialversicherung erst nach dem Zweiten Weltkrieg, sie war ein Geschenk Konrad Adenauers an die Bauern. Zu einem

Zeitpunkt, als die Kohlekumpel im Ruhrgebiet schon seit drei Generationen eine Krankenversicherung besaßen, gab es auf dem Land noch viele zahnlose Alte.

Wenn also heute öffentlich wieder viel von »Selbstversorgung«, »energieautarken Dörfern« und anderen auf Autonomie setzenden Konzepten im ländlichen Raum die Rede ist, ist das nicht nur eine wirklich naiv zu bezeichnende Verkennung der Realität in einem bis in die Zehenspitzen vernetzten Hochleistungsindustrieland wie Deutschland, sondern es stellt die Geschichte der deutschen Landwirtschaft geradezu auf den Kopf!

Es gibt historisch betrachtet kaum eine größere Errungenschaft als die Überwindung der Subsistenzwirtschaft nach 1945. Erst dadurch war es möglich, erstens steigende Bevölkerungszahlen sicher mit Nahrung zu versorgen, zweitens die harte körperliche Arbeit durch den Einsatz von Maschinen zu reduzieren – und drittens für mehr Chancengleichheit bei der Berufswahl für Bauernsöhne und Bauerntöchter zu sorgen. Ihnen standen, was es so bis dahin nicht gab, nun auch andere Möglichkeiten offen, als wie die Vorfahren auf dem Land zu arbeiten.

Einer Erhebung für Frankreich zufolge wurden nach dem Zweiten Weltkrieg mehr als die Hälfte der Söhne von Bauern wiederum Bauern – ein krasser Unterschied zu dem, was in den Folgejahrzehnten kommen sollte. Viele Bauernkinder gingen fortan auch in deutschen Kleinstädten auf weiterführende Schulen und ergriffen andere Berufe als ihre Eltern. Zumindest seit den 1970er Jahren lässt sich dieser Trend ganz eindeutig aufzeigen.

Nicht nur Historiker wie Jean Clair: Einige aktuelle oder ehemalige Topmanager in der deutschen Wirtschaft wuchsen auf Bauernhöfen auf, wie zum Beispiel Thomas

Enders von Airbus, Sohn eines Schäfers, oder Heinrich Hiesinger von ThyssenKrupp, der von einem Hof auf der an Kargheit kaum zu überbietenden Schwäbischen Alb stammt. Und selbst ein Star der Internet-Wirtschaft, Zalando-Gründer Robert Gentz, kommt von einem Bauernhof.[4] Es bleibt spekulativ, erscheint aber nicht gänzlich abwegig, dass diese Karrieren auch deshalb möglich wurden, weil genannte Personen vom *echten* Landleben geprägt waren, sprich: von Arbeitsreichtum, Verantwortung, Selbstdisziplin.

Von Landmäusen und Stadtmäusen

Quellen, um sich der Landwirtschaft und ihren Veränderungen historisch zu nähern, sind zu meiner eigenen Verblüffung nicht nur Romane, Filme und historische Abhandlungen, sondern auch – Kinderbücher. Eine Masterarbeit dazu, wie sich das Bild der Landwirtschaft, das wir Kindern in Schule und Elternhaus vermitteln, in den vergangenen 50 Jahren verändert hat, würde vermutlich Unglaubliches zutage fördern. Auf jeden Fall würde sie deutlich machen, wie sich die Entwicklung, die ich hier beschreibe, in diesem Buchgenre widerspiegelt.

So findet man auch in Elizabeth Shaws Kinderbuch »Die Landmaus und die Stadtmaus« das eingangs beschriebene Gegensatzpaar in geradezu idealtypischer Weise wieder: hier das Land, still, naturnah, weltabgewandt – dort die Stadt, laut, hektisch, mit tosendem Verkehr, dafür mit diversen Freizeitangeboten.[5]

Wir lernen die Landmaus kennen, die, fasziniert von den Verlockungen der Großstadt, der Stadtmaus folgt. Diese arbeitet in einer Fabrik und wohnt in einem Hochhaus zur Miete – einer »Platte«. Zu essen gibt es bei ihr

Fertigmahlzeiten aus der Tiefkühltruhe. »Du musst kein Wasser aus dem Brunnen holen«, stellt die Landmaus fest. »Du brauchst nichts zu pflanzen, zu ernten und zu kochen!« Alles ganz so, wie wir Stadtmenschen das auch kennen.

Doch es kommt, wie es kommen muss: Die Landmaus hält es irgendwann nicht mehr aus und kehrt zurück auf das Land. Leider hat sich in ihrer Abwesenheit so gut wie alles verändert: Dort, wo einstmals Stille war, gibt es nun Parkplätze und Fastfood-Restaurants. Überall riecht es nach Benzin und Frittenfett. »Können wir nicht wie früher leben?«, fragt die Landmaus die Großeltern. Da entfährt es der Großmutter: »So wie früher? Eimer mit Wasser schleppen und Holz hacken! Niemals! Es ist gut, dass wir jetzt Strom haben. – Wie weit möchtest Du denn zurückgehen? Ins Steinzeitalter? Nein! Ich bin für den Fortschritt!«

Shaw war Nordirin aus Belfast, lebte aber bis zu ihrem Tod 1992 in Ost-Berlin, was ihren sehr optimistischen Blick auf Technik und Fortschritt erklären mag; ich kenne das aus meiner Schulzeit. Ihre Geschichte ist zugleich eine Parabel auf die Zielkonflikte, die sich ergeben, wenn man städtischen Komfort und ländliche Beschaulichkeit zu vereinen sucht.

Diese scharfe Trennung hat sich mittlerweile nivelliert. Wir haben es bei Begriffen wie »Stadt« und »Land« eher mit ineinanderfließenden Sphären zu tun. Wo man früher wenig übereinander wusste, gibt es heute, vermittelt durch die Medien, nämlich eine enge kommunikative Bindung.

Ich selbst erinnere mich noch gut an die Sommerferien in den Achtzigern, die wir so gut wie jedes Jahr in unserer Datsche in Mecklenburg verbrachten. Der Sommer lag in endlosen Wochen vor uns. Am Kanal vor dem Haus stand eine Trauerweide, über der abends Rohrweihen kreisten. Durch ein Kinderfernglas beobachtete ich Eulen, Dohlen und Falken, die im alten Kirchturm ihr Zuhause hatten. Es war ein Kleinod, eine abgeschiedene Welt fernab des staatlichen Einflusses.

Zur nächsten Stadt war es weit. Wir mussten die Räder nehmen, wenn wir dorthin wollten. Die Straße führte an Getreidefeldern entlang. Die Landschaft war bewirtschaftet, aber ohne Akribie, ohne Ehrgeiz, zumindest schien es mir so. Sie war noch nicht bis auf den letzten Zentimeter genutzt. Der Mais stand locker, überall wucherte Unkraut. Auf den Landstraßen gab es kaum Verkehr. So verschlafen, so still war das Land damals!

Wenn wir es dann in die Kleinstadt geschafft hatten, gingen wir ziemlich städtischen Instinkten nach, kauften Zeitschriften wie *Neues Leben* und den *Deutschen Angelsport*, ein Schwarzweißheft, in dem wir als Erstes nach der Bestenliste der Karpfen- oder Hecht-Fänge suchten. Wir sahen die Dorfjugend, die sich an einer Bushaltestelle sammelte oder sich um eines der Simson-Mopeds gruppierte. Und die uns argwöhnisch beäugte. Die Älteren von ihnen zogen abwechselnd an Zigaretten und spuckten auf den Boden. Stadtjungs und Dorfjungs – das war die natürlichste Zweiteilung der Welt.

Verkehre

Kehre ich heute zu unserer Datsche zurück, fühle ich mich wie die Landmaus von Elizabeth Shaw. Der 80 Jahre alte Landgasthof, in dem wir jedes Wochenende Essen gingen, zumeist Bratkartoffeln mit Sülze für kleines Geld, und in dem am Samstagabend »Tanz« stattfand (und danach so manche Keilerei), hat längst geschlossen. Zum Frühshoppen geht dort sonntags niemand mehr. Beim Gottesdienst die Straße aufwärts sieht es nicht besser aus.

Überall sieht man dafür Plakate, auf denen für »Ü30-Parties« oder neue Baumärkte geworben wird. Seitdem die Straße nahe unseres Dorfes als Entlastungsstrecke zwischen den Autobahnen A19 und A20 ausgebaut ist, nutzen sie viele Lastkraftwagen und Wochenendausflügler. Sie brettern durch die Dörfer ihren Zielen Kühlungsborn, Nienhagen oder Heiligendamm an der Ostsee entgegen, ohne das Land rechts und links wirklich wahrzunehmen. Das Land ist lauter geworden.

Es ist nicht anders als im Sommerurlaub in den Schweizer Alpen, wenn man den Helikopter hört oder Zeuge von »Motorradurlauben« wird, mit denen Hoteliers werben: Das Auge kann sich kaum sattsehen, aber die Autos und Motorradfahrer machen es einem nicht leicht, die Ruhe zu genießen. Einige von ihnen, so scheint es, lieben die Haarnadel-Kurven, bei denen sie bremsen und wieder beschleunigen können, wer wollte es ihnen verdenken.

Und so ließen sich unzählige ähnliche Beispiele finden, die von der rasanten Veränderung des ländlichen Raums zeugen, und die verdeutlichen, wie Stadt und Land durch die Mobilität zusammenwachsen, im Guten wie im Schlechten. Gerne relativieren wir unsere Beobachtungen mit dem Hinweis, dass es doch schon immer so gewesen sei und sich Dinge permanent infolge der Verkehre verändert hätten. Das stimmt. Aber vielleicht hat die Entwicklung ein Stadium erreicht, das es vielen ländlichen Räumen gerade infolge der Mobilität schwermacht, ihren ursprünglichen sozialen Charakter zu bewahren. Niemand muss hier mehr Einkaufen oder

Feiern, der ein Auto hat oder eine Mitfahrgelegenheit. Das dörfliche »Klein-Paris«, von dem mein Großvater mit Blick auf seine Kindheit immer sprach, gibt es nicht mehr. Zugleich helfen Busse mit Backwaren und anderen Lebensmitteln, die wöchentlich aufs Dorf kommen, die Folgen des Schließens vieler Einzelhandelsgeschäfte auf dem Land zu mildern, gerade für Ältere.

Dies mag auch eine letzte willkürliche Stichprobe verdeutlichen. Ich bin heute aus beruflichen und privaten Gründen viel im Südwesten Deutschlands unterwegs. Mich interessiert, wie sich Dinge, die ich im Nordosten beobachte, hier darstellen. Nehmen wir beispielsweise das Städtchen Owen am Fuße der Schwäbischen Alb, im weiteren Umland von Esslingen und Stuttgart also. Und ziehen wir den *Teckboten* zu Rate, die Hauszeitung meiner Schwiegermutter, die ich hinsichtlich ihrer journalistischen Qualität schätzen gelernt habe.

Unter der Überschrift »Das Ende des beschaulichen Lebens« findet sich dort im Frühjahr 2018 folgende Auflistung: Vor dem Zweiten Weltkrieg gab es in Owen 10 Gasthäuser, 7 Metzgereien, ebenso viele Lebensmittelgeschäfte, 3 Bäckereien und diverse Handwerksbetriebe. In jüngster Zeit hat nicht nur die einzige Apotheke geschlossen (es gab immer eine Apotheke in Owen) und, bedingt durch den Tod des Besitzers, der einzige Zeitungs-, Lotto- und Spielwarenladen. Auch das legendäre Gasthaus »Adler«, an dem eine vielbefahrene Straße ins Lenninger Tal vorbeiführt, hat dichtgemacht. Niemand wollte die Nachfolge in einem »Geschäft« antreten, das wie die Landwirtschaft permanente Beanspruchung und harte Arbeit bedeutet.

Das prächtige alte Fachwerkhaus, man kann es sich kaum vorstellen, wird nun abgerissen. Der Neubau wird in Zukunft Werkswohnungen für einen Industriebetrieb oder ein Autohaus beherbergen, das habe ich vergessen. *Tempi passati*: Die Molkereigenossenschaft hatte vor 100 Jahren noch 200 Mitglieder, nach 1945 waren es 130. Heute gibt es in Owen gerade noch 3 Bauern.[6]

Die »funktionale Verstädterung« des Landes

Was am Beispiel des Städtchens Owen wie ein Ausbluten des Landes aussieht, hat eine Rückseite, die ziemlich spannend ist. Aus der strukturellen Differenz von Stadt und Land ist in den zurückliegenden Jahrzehnten nämlich immer mehr ein Zusammen- und Ineinanderfließen der Räume in funktionaler Hinsicht geworden. Das heißt: Viele für die Städte lebensnotwendigen Infrastrukturen stehen heute auf dem Land, ja, das Land funktioniert, bildlich gesprochen, mittlerweile wie eine Art Speisekammer, Abstellgelegenheit, Bügelzimmer oder Serverraum im hinteren Teil der Wohnung!

So gibt es neben Ökostromanlagen auch Schweine- und Hühnerställe mit vielen Millionen Tieren *vor der Stadt*. Oder Rechenzentren und Serverfarmen für all die Google-Anfragen, Amazon-Bestellungen, Facebook-Bekanntschaften und die ihnen zugrunde liegenden Algorithmen. »*Deutlich sichtbar ist*«, schreiben die Journalisten Niklas Maak, Claudius Seidl und Carolin Wiedemann, »*dass die Voraussetzungen für das Leben, das wir in der Stadt führen, auf dem Land geschaffen werden: Der Strom, die Daten, das Essen, alles wird auf dem Land aufbewahrt oder hergestellt.*«[7]

Damit einher geht eine Symbiose aus Land und Technik, die zu ganz neuen Trends in der Landwirtschaft führt wie zum sogenannten Precision Farming. Die Idee hierbei ist es, Agrarflächen mithilfe von Fernerkundungssystemen besser hinsichtlich ihres Nährstoff- und Wasserbedarfs analysieren und so gezielt bearbeiten zu können. Das GPS-gesteuerte, zentimetergenaue Ausbringen von Düngern und Pflanzenschutz ist dabei nicht nur unter Kostengesichtspunkten, sondern möglicherweise auch ökologisch vorteilhaft. Zumindest ist das die Hoffnung, die bislang nicht mehr als eine Utopie ist.

In nicht ferner Zukunft könnte der Ökolandbau die geringere Produktivität etwa im Feldbau dadurch verbessern, dass kleine batteriebetriebene Roboter das Hacken von Böden übernehmen, damit das Unkraut zwischen den Feldpflanzen klein halten und das tun, was heute die Chemie leistet. Und das mithilfe solarstromgespeister Akkus, die sie selbstständig an Ladestationen wechseln.

Die digitale Technisierung der Landwirtschaft könnte also helfen, das meint auch die Bundeslandwirtschaftsministerin, durch wegfallende Mehrfahrten über den Acker Treibstoff zu sparen und die Menge an Pflanzenschutzmittel auf ein Minimum zu reduzieren.[8] Denn es gibt Geräte, die unterscheiden können, ob sie eine Nutzpflanze oder ein Unkraut vor sich haben. Und weil Roboter im Vergleich zu Landmaschinen weniger wiegen, wäre auch die Bodenverdichtung weit geringer als heute.

Ich kann mir zwar nicht vorstellen, wie man auf 12 Millionen Hektar Ackerfläche in Deutschland in nicht allzu ferner Zukunft batteriebetrieben wirtschaften möchte, gerade in der dunklen und kalten Jahreszeit. Und wie man 5.000 oder 50.000 Maschinen überwacht, die in den Furchen hin und her fahren. Aber vielleicht braucht es solche Ansätze, um die Sache ins Rollen zu bringen. Mittlerweile kommt ja auch die Elektromobilität nicht nur in Bussen, sondern auch bei Streu- und Kehrmaschinen zum Einsatz. Der Landmaschinenhersteller John Deere erprobt schon elektrische Mähdrescher. Und in Argentinien gilt ein Soja-Unternehmer wie Gustavo Grobocopatel, der eine Fläche so groß wie das Saarland bewirtschaftet, als »Steve Jobs der Landwirtschaft« (*F.A.Z.*).

Damit ist gemeint, dass die nächste Epoche der Landwirtschaft längst eingeleitet wurde, und zwar auf Basis der Informationstechnologie. Und sie dürfte die Produktion weiter erheblich steigern, wenngleich die Anbaufläche gleichbleibt. Der Digitalisierung der Landwirtschaft kommt deshalb große Bedeutung zu, wobei es nicht mehr um die Leistungssteigerung einzelner isolierter Maschinen geht, sondern, wie angedeutet, um das vernetzte System aus Satellitenbildern, Bodenproben, GPS in Landmaschinen, Software. Willkommen auf dem Land 4.0!

Das Agribusiness

Das Ineinanderfließen von industriell geprägter Zivilisation und ländlichen Räumen nimmt auch die Branche selbst sehr klar wahr. Sie spricht angesichts der Arbeitsteilung und der Spezialisation in den der Landwirtschaft vor- und nachgelagerten Branchen mittlerweile stolz vom »Agrarbusiness« oder »Agribusiness«, was ein wenig so klingt, als wären die Berater von McKinsey mit ihren Powerpoint-Präsentationen in der Berliner Geschäftsstelle des Bauernbandes aufgekreuzt. Ich persönlich halte »Landwirtschaft« nach wie vor für einen viel kraftvolleren Begriff, denn er spiegelt eine Haltung wider, drückt ein Selbstverständnis aus.

In der Sache allerdings trifft der Begriff »Agribusiness« schon den Kern. Denn unter solch einem »Business« wird neben den Höfen alles subsumiert, was mit der Erzeugung von Lebensmittel in Verbindung steht. Also Landmaschinen- und Düngemittelhersteller, sowie die Produzenten von Saatgut, Strom und Brennstoffen oder die Unternehmen, die Hofbauten wie Ställe errichten und diese ausrüsten, oder diejenigen, die sich um die Tiergesundheit kümmern.

Hinter solchen neuen Begrifflichkeiten steckt also die Absicht, deutlich zu machen, das von der Landwirtschaft mehr Arbeitsplätze abhängen als die derjenigen, die unmittelbar im Stall und auf dem Acker arbeiten. Es sind in Summe zwischen 4 und 5 Millionen Beschäftigte, die mittelbar im »Agribusiness« beschäftigt sind. Sie erwirtschaften bis zu 300 Milliarden Euro Umsatz jährlich – eine Zahl, die aussagekräftiger ist als die 0,7 Prozent, welche die Landwirtschaft, statistisch gesehen, im Vergleich mit Industrie (30 Prozent) und Dienstleistungen (68 Prozent) zum Bruttoinlandsprodukt beiträgt.

Einen genauen Blick auf die Landwirtschaft zu entwickeln ist angesichts aktueller Entwicklungen und Debatten darum unabdingbar. Das Geflecht an ökonomischen Einflussgrößen und Abhängigkeiten ist zu dicht, als dass man Landwirtschaft auf Ackerbau und Tierhaltung reduzieren könnte, auf einen Bereich der »Primärproduktion«, der mit den industriellen Trends der Gegenwart nichts zu tun hätte.

Vor diesem Hintergrund ist auch die Debatte darüber zu verstehen, was die Allgemeinheit an Gegenleistungen von den Landwirten verlangen kann, wenn sie deren Betriebe und Arbeit mit Direktzahlungen aus dem Steueraufkommen finanziert. Vielleicht haben Sie von

diesen Zahlungen bereits gehört, und dann wahrscheinlich wenig Gutes. Doch ganz so einfach ist es auch hier
nicht.

Die Kritik an der Landwirtschaft hat neben Fragen der Tierhaltung und der Nutzung von »Ackergiften«, um die es in Kapitel 4 und 5 gehen wird, gegenwärtig vor allem damit zu tun, dass Landwirte in den Genuss von Leistungen kommen, die es andernorts in der Wirtschaft nicht gibt. Landwirte erhalten Direktzahlungen – ein etwas vornehmeres Wort für Subventionen –, und zwar anders als früher nicht mehr auf ihre Produkte, sondern auf ihr wichtigstes Betriebsmittel: die Böden.

Die bei Analysten beliebte Sentenz, wonach »Soil more preccious than oil« sei, dass Grund und Boden heute kostbarer seien als Öl, hat für die Landwirte in Europa allerdings nicht erst einen Wahrheitsgehalt, seitdem internationale Investoren auf der Suche nach Anlagemöglichkeiten Ackerland als Investitionsgut entdeckt haben. Für sie war der Boden immer schon ein ganz elementares Gut.

Die Debatte um die Böden wird neben den finanziellen Aspekten deshalb so polar geführt, weil es hierbei um eine der wichtigsten Fragen im Kontext von Natur und Landwirtschaft überhaupt geht: Wem gehört die Natur? Kann sie überhaupt jemandem »gehören«? Oder besteht ihr Wert nicht gerade darin, dass sie jedem Einzelnen in der Gesellschaft zur Verfügung steht? Sind das Land, die Böden, das Wasser am Ende nicht Gemeinschaftsgüter, sogenannte »Commons«?

Dieser Grundkonflikt wird nirgendwo anschaulicher als beim deutschesten aller Sehnsuchtsorte, dem Wald: Jeder Bürger darf ihn betreten, sich in ihm erholen. Zugleich ist der Wald ein Wirtschaftsstandort, ob es uns passt oder nicht. Einige staatliche Landesforsten wollen die Flächen aus ökologischen Gründen zunehmend sich selbst überlassen. Andere wollen mit ihrer Bewirtschaftung immer mehr Einnahmen für den Landeshaushalt generieren. Beginnen wir deshalb mit der Frage nach dem Eigentum und wozu es »verpflichtet«, wie es in Artikel 14, Absatz 2 des Grundgesetzes heißt: »Sein Gebrauch soll zugleich dem Wohl der Allgemeinheit dienen«.

Böden besitzen

Anders als Luft und Wasser, die für uns Sinnbilder des »Reinen«, Unverbrauchten sind, die erst durch den menschlichen Einfluss verunreinigt werden, ist der Boden in unserer Vorstellung mit Schmutz verbunden. Schon Kinder ermahnt man, sich nicht dreckig zu machen. Und wenn der Karren tief im Dreck steckt, verheißt das nichts Gutes. Kein Wunder, dass ein international wegweisendes Buch über den Boden schlicht und ergreifend »Dirt« heißt.[1]

Böden haben keinen Glanz, sind zunächst kein Gegenstand besonderer Neugier und Erwartung wie einst das Fliegen oder die Erkundung der Tiefen der Ozeane. Und doch sind sie der Anfang von allem, wenn man die Nutzung der Natur in den Blick nimmt, egal ob in der Landwirtschaft oder im Bergbau. Ohne Böden gäbe es keinen Besitz, keinen Wohlstand. Vielleicht auch keine Konflikte, keine Kriege. Denn die biblischen »Pflugscharen« waren nicht zwangsläufig Geräte, die allein dem Frieden die Furche brechen: Sie sind, wenn es um den Besitz von Böden ging, immer auch zu Schwertern umgeschmiedet worden.

Wer einen Acker besitzt oder ein Stück Wald, diese nicht pachtet, sondern als Eigentümer im Grundbuch eingetragen ist, der hat ein solches Eigentum an Boden. Und das ist ein emotional hoch aufgeladener Besitz. Denn »Grundherr« zu sein ist verbunden mit der Vorstellung, frei und unabhängig und niemandem rechenschaftspflichtig zu sein. Die innige Bindung der Bauern an ihr Land hat gerade hierin ein starkes Fundament.

Liest man heute Artikel zum Thema Landwirtschaft, bekommt dieses Phänomen allerdings eine neue Wendung: Landwirte würden sich benehmen, als wären die Böden »ihr Eigen«. Es gäbe daher das gefühlte Recht der Gesellschaft, diese vor ihren Eigentümern zu schützen und gewissermaßen vom Feldrand aus zu überwachen, was die Landwirte hier so trieben. Denn die eigene Scholle sei schließlich nur ein Besitz auf Zeit – zumindest dann, wenn man in erdgeschichtlichen Dimensionen denke, was mir persönlich ziemlich schwerfällt.

So steht man unweigerlich vor einer komplizierten, ja geradezu philosophischen Frage. Ein Stück Land unterliegt nach dieser Lesart besonderen Kriterien, da es nicht mobil ist oder gebaut und abgerissen werden kann wie ein Haus, sondern immer Teil einer Gemeinde, einer Region, ja, einer Nation bleibt. Die eigentliche »Immobilie« ist also nicht der Klinkerbau oder die Scheune, sondern der Boden.

Eigentum verpflichtet nach dieser Lesart deshalb nicht nur: Wer ein Stück Land erwirbt, übernimmt damit vielmehr auch Aufgaben für das Gemeinwohl. Und es gilt, dieses Gemeingut zu erhalten und zu mehren, es zu schützen gegen Unwetter und Stürme. Oder auch gegen das Meer. Das Werk Theodor Storms ist voll von diesem Motiv, und Goethe hat zu diesen Komplex einen seiner wohl berühmtesten Sätze im »Faust« geschrieben: »Was du ererbt von deinen Vätern hast, erwirb es, um es zu besitzen.«

Böden fördern

Man erkennt darum auch sehr schnell das Konfliktpotenzial, das den Direktzahlungen an Landwirte innewohnt. Es geht dabei um die Frage, ob diese Zahlungen aus dem Steuersäckel tatsächlich auch mit den gewünschten Gegenleistungen der Landwirte im Sinne der Gemeinschaft vergolten werden.

Blicken wir zunächst auf die Zahlen: Es ist kein Geheimnis, dass die Subventionen für Landwirte mit knapp 40 Prozent zwar nicht mehr an die Dimensionen vergangener Jahrzehnte heranreichen, aber noch immer einen der größten Einzelposten der europäischen Förderpolitik ausmachen. Sie belaufen sich im neuen EU-Haushalt des deutschen Haushaltskommissars Günther Oettinger von 2021 bis 2027 auf rund 44 Milliarden Euro jährlich.[2]

Im Blick auf die Verteilung in Richtung Deutschland gilt dabei die Faustregel, dass von den 6 Milliarden Euro ein Fünftel der deutschen Betriebe und Einrichtungen wie Küstenschutzämter den Großteil der Gelder erhalten. Größte Profiteure der Direktzahlungen an aktuell 274.000 deutsche Höfe sind Landwirte in Bayern, gefolgt von denen in Niedersachsen.[3]

Der kommende Brexit wirkt sich dabei insofern auf die Landwirte überall in Europa aus, als die EU auf etliche Milliarden Euro im Jahr an Einnahmen verzichten muss. Zudem erwachsen ihr aus neuen Aufgaben bei der Verteidigung und Terrorbekämpfung Ausgaben. Zusammengenommen ergibt sich also eine Lücke von rund 20 Milliarden, die man irgendwie schließen muss. De facto kommen sie einer Senkung von 5 Prozent für die europäischen Bauern gleich.

Dass der Protest daher nicht lange auf sich warten ließ, verwundert da kaum. In Summe werden die Zahlungen für Landwirte im Siebenjahreszeitraum von 2021 bis 2027 aber immer noch knapp 360 Milliarden Euro betragen. Deutsche Bauern sollen in diesem Zeitraum ein Zehntel, also rund 36 Milliarden erhalten, was zunächst viel klingt, sich aber relativiert, wenn man an die Höhe der Ökostromförderung in Deutschland denkt. Doch dazu gleich mehr.

Als Nicht-Landwirt stellt man sich angesichts dieser Summen zunächst die Frage: Muss das sein, sind die Landwirte auf diese Mittel angewiesen? Die Antwort lautet: ja. Für manche Betriebe machen die Zahlungen bis zu 60 Prozent des Betriebsergebnisses aus, was nicht gegen die Zahlungen spricht, sondern Resultat eines historischen Sonderweges im Rahmen der Entwicklung der EU ist.

Die Landwirtschaft ist einer der Politikbereiche, der weitgehend durch die EU geregelt ist. Und gerade die Proteste der französischen Regierung gegen die Kürzungspläne der EU zeigten, wie bedeutend die Zahlungen überall in der EU sind, nicht nur hierzulande. Es sind beileibe nämlich nicht nur deutsche, sondern auch polnische, britische oder italienische Betriebe, die Zahlungen aus der Gemeinsamen Agrarpolitik der EU in Anspruch nehmen. Niemand in Europa erhält überdies mehr EU-Direktzahlungen als Frankreich: Es sind 8 Milliarden Euro jährlich bei nur 60 Millionen Einwohnern.

Seit einigen Jahren erhalten auch ökologisch wirtschaftende Betriebe eine Förderung, die sogar noch höher liegt als die bei konventionell wirtschaftenden. Während diese im Schnitt 280 Euro pro Hektar und Jahr kassieren, sind es bei den Öko-Betrieben bis zu 600 Euro, die auch prominenten Nebenerwerbslandwirten wie der Fernsehköchin Sarah Wiener für ihren Bio-Hof in der Uckermark zustehen. Die Förderung ist also flächendeckend in der deutschen Landwirtschaft eine der wichtigsten Säulen der Betriebskalkulation, egal ob bei »konventionellen« oder »ökologisch« wirtschaftenden Betrieben. Man kann sie daher nicht einfach an- und ausknipsen wie ein Stalllicht!

... und die Energiewende gleich mit

»Licht« ist dann auch das mehr oder minder passende Stichwort für ein vergleichsweise neues Phänomen im Hinblick auf die Subventionierung der Landwirtschaft. Ein Gutteil der 24 Milliarden Euro an Umlagen, die auf der Grundlage des Erneuerbare Energien Gesetzes (EEG) den deutschen Stromverbrauchern jährlich neben Netzentgelten, der Ökosteuer und anderen politisch motivierten Kosten abverlangt werden und sich auf insgesamt 35 Milliarden Euro addieren (das sind 55 Prozent des Stromendpreises), fließen gewissermaßen als »umgeleitete« Förderung an die Landwirte. In Form der Ökostrom-Zulage für die Erzeuger alternativer Energien nämlich. Und hier neben den Pachten für Onshore-Windkraftanlagen auf dem Grund und Boden der Bauern oder Genossenschaften vor allem in die Biogasanlagen.

Noch deutlicher: 20 Prozent der Äcker, auf denen früher Kartoffeln, Rüben und Getreide angebaut wurden, werden heute mit Mais, Raps oder anderen Energiepflanzen bestellt. Auch wenn nicht alles davon für die Energieproduktion bestimmt ist und beeindruckende Zuchterfolge beim Mais oder Veränderungen in der Tiermast bei der

Vergrößerung der Anbauflächen eine Rolle spielen: Dazu, dass die Anbaufläche für Mais seit 2004 um 50 Prozent gestiegen ist, hat die Verwendung als Silomais für Biogasanlagen entscheidend beigetragen.

Das räumt auch die Branche ein. Einer Zahl des Deutschen Maiskomitees zufolge, ist die Anlagenzahl seit 2004 nicht nur »analog« zur Anbaufläche um 50 Prozent, sondern sogar um 78 Prozent angestiegen, wodurch sich die Größe der Anbauflächen allein für Silomais bundesweit um 75 Prozent seit 2004 gesteigert hat.[4]

Die rund 9.000 Biogas-Anlagen in Deutschland stehen dabei für ein Viertel der erneuerbaren Stromproduktion, was für die Gesamtbilanz des deutschen Strom-Mixes allerdings unerheblich ist. Insgesamt sind es nämlich nur 7 Prozent der Bruttostromerzeugung, die aus Biomasse erfolgen.[5] Einen geringfügig bedeutenderen Beitrag leistet sie für den Wärmemarkt.

Ganz ohne Polemik ist also zu konstatieren, dass ein Fünftel der landwirtschaftlichen Flächen in Deutschland genutzt wird, um einen mit Blick auf die Möglichkeiten etwa der Energieeffizienz vergleichsweise verschwindend geringen Beitrag für die Stromversorgung zu liefern!

Die Bioenergie ist lange ein gutes Geschäft gewesen. Die Goldgräberstimmung vergangener Jahre ist nun vorbei, seitdem die Politik die Förderung reduziert hat. Gab es 1998 um die 450 Anlagen – mancher Berater hatte den Bauern damals angesichts des Hypes um Biodiesel schon versprochen, sie würden die »Ölscheichs von morgen« werden, wie der Journalist Dietrich Holler betont – so wurde im Jahr 2016 die Höchstzahl mit leicht über 9.000 Biogasanlagen in Deutschland erreicht.

Um sie zu »füttern«, wurden zuletzt rund 900.000 Hektar Maisanbaufläche bewirtschaftet. Seit 2016 nimmt die

Zahl nun leicht ab und könnte Prognosen zufolge vor 2030 den Wert von 3.000 Anlagen unterschreiten. Wenn man bedenkt, dass die Ökostromzulage für Betreiber von Biogasanlagen nach 20 Jahren ausläuft, wundert es nicht, dass exakt zwei Jahrzehnte nach dem Beginn des Hypes die Zahl der Anlagen auf ein Drittel zurückfallen wird.

Mit dem Auslaufen der 20-Jahre-Frist wird der Maisanbau Studien zufolge bis Mitte der 2020er Jahre deshalb um bis zu 500.000 Hektar zurückgehen. Und er könnte dann ab Mitte der 2030er Jahre wieder auf dem Niveau wie vor dem EEG in den Neunzigerjahren liegen. Denn die meisten Biogasanlagen sind unter freien Marktbedingungen nicht wettbewerbsfähig. Sie wurden in all den Jahren nur durch Subventionen am Leben erhalten.

Allerdings: Das war bei vielen konventionellen Großkraftwerken in den vergangenen Jahrzehnten nicht anders. Die Energiepolitik ist in allen Ländern und zu allen Zeiten auf einen staatlichen Dirigismus angewiesen gewesen, den man »Industriepolitik« nennt, ob nun bei der Kernkraft in Frankreich oder der Kohleverstromung in Polen. Das werden auch überzeugte Marktwirtschaftler zugeben.

Wie die Prämien entstanden

Die Subventionen für die Landwirtschaft als Teil der Gemeinsamen Agrarpolitik sind im Jahr 1962 entstanden, ihre Vorläufer gehen bereits auf die Römischen Verträge des Jahres 1957 zurück. Damals wollte man mit der Förderung zum einen verhindern, dass Landwirte in die Industrie abwanderten, denn wie eingangs beschrieben wandelte sich die Landwirtschaft so grundlegend wie nie zuvor. Die Förderung sollte den Landwirten also ein attraktives Einkommen sichern – und ausschließen, dass sich die damalige Zahl von rund 1,5 Millionen Betrieben noch schneller und drastischer reduzierte, als sie es ohnehin schon tat.

Zum anderen war es ein Ziel, die Produktion von Fleisch, Milch und Getreide auf eine sichere Grundlage zu stellen und die Mengen schnell zu steigern. 1967 wurde erstmals ein Festpreis für Getreide festgelegt. Das ging über viele Jahre mehr oder minder gut – auch dank eines Mittels, das wir gegenwärtig angesichts der Einfuhrzölle Donald Trumps auf Stahl und Aluminium diskutieren: der weitgehenden Abschottung des europäischen Binnenmarktes durch Einfuhrzölle.

Im Ergebnis entstanden zu Beginn der 1980er Jahre jedoch die heute fast vergessenen »Milchseen« und »Butterberge«, weil die Produktion die tatsächliche Nachfrage um rund 20 Prozent übertraf. Die Subventionen wurden in Form von staatlichen Abnahmegarantien zu einem fixen Preis gezahlt – vergleichbar mit den festen Abnahmepreisen für Fleisch und Gemüse in der ehemaligen DDR, die dort über dem anschließenden Verkaufspreis im Laden lagen!

Man konnte als Hühnerhalter auf der Rückseite eines Landhandels eintreten, seine Eier abliefern, die dann gestempelt wurden, und vorn wieder hinausgehen – mit Eiern im Korb, die man im Zweifel selbst vor ein paar Tagen abgeliefert hatte, die an der Kasse aber deutlich günstiger waren. Der Handel zahlte mit anderen Worten immer drauf, um die Versorgung sicherzustellen. Vor allem bei »Bückware« wie Filets und Koteletts, die man nur unter dem Ladentisch bekam.

Auch die Milchviehhalter in der alten Bundesrepublik konnten mit immer mehr Milch also ziemlich viel Geld verdienen, ohne das geringste Marktrisiko einzugehen. Denn sie mussten sich keine Gedanken darüber machen, ob der Markt, also die Kunden, diese Milch auch wirklich abnehmen würden. Dieses Prinzip des »Produce and forget«, das heute bei Öko-Strom herrscht, funktionierte damals bei vielen Nahrungsmitteln: Egal, was die Bauern produzierten, ob man es verbrauchte oder ob die Vorräte anwuchsen – die Staaten kauften es auf.[6]

Bald schon wurde allerdings klar, dass diese Form der Förderung an den Bedürfnissen des Marktes vorbei aus dem Ruder laufen würde. Und dass man sich gegen den internationaler werdenden Lebensmittelmarkt nicht dauerhaft würde abschotten können. Unter anderem deshalb wurde von der Europäischen Gemeinschaft (EG) 1984 die Milchquote eingeführt. Sie wurde 1993 von der in Maastricht neu gegründeten Europäischen Union (EU) übernommen und sollte dann 30 Jahre, bis zum Jahr 2015, gelten. Grundlage für die Zuteilung der Milchreferenzmenge war die Milchanlieferungsmenge des Milchwirtschaftsjahres 1983 gewesen. Im Rahmen der Garantiemengenregelung wurde jedem Mitgliedstaat eine feste Produktionsquote zugewiesen und auf die einzelnen milcherzeugenden Betriebe verteilt. Lieferte ein Milchproduzent mehr Milch, als er über Quoten verfügte, und das war neu, wurde er sanktioniert in Form einer Abgabe.

Insgesamt war bereits zu Beginn der Achtzigerjahre die Erkenntnis gereift, dass man die alte Logik des »Produce and forget« umdrehen und die europäischen Bauern stärker zu Akteuren des Weltmarktes werden lassen musste. Im Rahmen der sogenannten GATT-Verhandlungen zu Beginn der 1990er Jahre vollzog sich deshalb ein Wandel in der Gemeinsamen Agrarpolitik der EU: Hatte bislang das Instrument der Stützung von Preisen im Vordergrund gestanden, also etwa jener von Getreide oder Milch, sollte von nun an die so bezeichnete »Einkommensstützung« maßgeblich sein, die Förderung der Böden. Einfuhrzölle auf internationale Agrarerzeugnisse wurden in der Folge ebenso reduziert wie Ausfuhrbeihilfen für europäische Produkte.[7] Wenn man so will, war dies die Geburtsstunde eines globalisierten Marktes für Lebensmittel, wie wir ihn heute kennen – und die Ursache für manche Entwicklung, die wir nun kritisch diskutieren.

Woran sich Kritiker stoßen

Ich bezweifle, dass genannte historische Gründe die Kritiker der Direktzahlungen milder stimmen werden. Wer diese Zahlungen allerdings pauschal infrage stellt, übersieht einige Besonderheiten, die es im Vergleich mit anderen Wirtschaftszweigen nur in der Landwirtschaft gibt.

So ist die Landwirtschaft mehr als jeder andere Wirtschaftssektor mit Ausnahme vielleicht des Tourismus von natürlichen Voraussetzungen abhängig. Die Güte der Böden beispielsweise divergiert je nach Region stark. Das Oderbruch wird häufig überschwemmt, während sich in der Magdeburger Börde die besten Böden Deutschlands befinden. Wegen dieser geografischen »Ungleichheit« scheint es mir plausibel, Landwirte an nachteiligen Standorten mit ertragsarmen Böden zu unterstützen und sie nicht den Gesetzen des Marktes allein zu überlassen.

Hinzu kommt, dass Betriebsgrößen oft nicht ausreichen, um die Familieneinkommen von 60.000 bis 80.000 Euro im Jahr zu sichern. Wer kein landwirtschaftliches Prekariat will, der kommt nicht umhin, gerade kleinere Höfe oder solche mit schlechten Böden zu unterstützen. Insbesondere die »Kleinen« können ohne Unterstützung häufig nur dann überleben, wenn sie zum Beispiel nebenher Ferienwohnungen vermieten, einen Hofladen betreiben – oder die Bauern gleich als Teilzeitlandwirte arbeiten, die noch eine andere Einkunftsquelle haben.

Vor allem aber federn Ausgleichszahlungen die nicht nur aus der Landwirtschaft bekannten »Schweinezyklen« ab, also das Auf und Ab der Weltmärkte. Und sie helfen, die wirklich elementaren Produktionsbedingungen im Umgang mit der Natur im Zaum zu halten. Sonnenschein und Niederschläge, das Auftreten von epidemischen Erkrankungen bei Tierbeständen – aktuell diskutiert angesichts der Angst vor dem Übertreten der Afrikanischen Schweinepest durch Wildscheine – lassen sich nicht planen. Auf Jahre mit Höchsterträgen folgen manchmal lange Durststrecken. Auch deshalb werden also Prämien gezahlt: um über diese Durststrecken hinwegzuhelfen!

Und dennoch: Vielerorts führen die Subventionen zu einer Art Zerrbild der Wirklichkeit, ersetzen Garantiezahlungen das Nachdenken über Alternativen zu bestehenden Geschäftsmodellen. Sind Subventionen, so meinen zumindest Kritiker, eine Art »überbezahlte Landschaftspflege«. Genau wie das gesetzlich vorgeschriebene Brachliegenlassen von Flächen noch keine Umweltleistung ist.

Verschwendung oder Notwendigkeit?

Die Wochenzeitung *Die ZEIT*, in der Vergangenheit ein Medium, das nicht selten kritisch über die Landwirtschaft berichtete, veröffentlichte zur Grünen Woche 2018 unter der Überschrift »Die Verschwendung ist ein Skandal« ein Interview mit dem Berliner Agrarwissenschaftler Harald Grethe[8]. Dieser lässt darin kein gutes Haar an den Agrarsubventionen. In einem Punkt aber treffen die Tiraden ins Schwarze: Der seit vielen Jahren bestehende Fördermechanismus vergibt das Geld noch immer mit der Gießkanne und ist nicht am Einzelfall ausgerichtet. Der Hektar ist das Maß aller Dinge, unabhängig davon, wie groß ein Hof ist oder wie fruchtbar die Böden – und ob ein Landwirt konkrete Leistungen für Gemeinwohl und Kulturlandschaftspflege erbringt.

Der oben vom Schriftsteller Stefan Klein beschriebene Landwirt, der einmal in der Woche in der Uckermark aufkreuzt, um nach seinen Biogasanlagen zu schauen: Soll er tatsächlich weiter von den Direktzahlungen profitieren dürfen? Er tut, so meine ich, weder etwas für den Erhalt des Landschaftsbildes oder der Biodiversität, noch für das dörfliche Leben. Er erhält diese Zahlungen aber trotzdem im großen Stil – nebst jener Einspeisevergütung, die dank des EEG für Strom fließt, den niemand braucht. Den man bekanntlich nämlich nicht speichern oder einlagern kann wie seinerzeit EU-Getreide. Er kassiert also gleich zweimal für aus meiner Sicht diskussionswürdige Leistungen. Und das ist – als Einzelfall – dann in der Tat ein Skandal!

Bis zum Jahr 2003 erfolgte die EU-Förderung hingegen noch produktionsbezogen, seither ist sie allein an der Fläche ausgerichtet. Oder, wie das zuständige Ministerium etwas hoffnungsfroher schreibt: Landwirten wurden »neue unternehmerische Freiräume« eröffnet. Damit wollte die EU dazu beitragen, Wettbewerbsverzerrungen im internationalen Handel zurückzufahren. Seither ist es der Idee nach so, dass Landwirte bestimmte Verpflichtungen des Umwelt-, Tier- und Pflanzenschutzes erfüllen müssen, um Gelder zu bekommen, »und die Flächen in einem guten landwirtschaftlichen und ökologischen Zustand« zu erhalten haben.[9]

Diese an sich richtige Idee hat nun aber einen neuen Effekt zutage gefördert. Galt es früher, möglichst viel zu produzieren, so geht es nun darum, möglichst große Flächen in einem Betrieb zusammenzuführen. Sowohl Bundesregierung als auch EU-Kommission haben zwar erkannt, dass die Wirkung der Subventionspolitik ihrer Absicht eines Landschaftsschutzes genau wie bei der Förderung von Biogasanlagen oft entgegenläuft. Praxis indes ist, dass Großbetriebe von 1.000 Hektar denselben Zuschuss pro Hektar erhalten wie kleine Betriebe, die arbeitsintensivere Produktionsformen haben und nicht zusätzlich mit Einspeise-Vergütungen für Windkraft und Biomasse rechnen können, also ein lukratives Zweitgeschäft vom Staat frei Haus bekommen.

Und weil das so ist, funktioniert die EU-Agrarsubventionierung heute in Teilen wie ein risikoloses Darlehen für all jene, denen es in einem bestimmten Rahmen freigestellt ist, etwas mit ihrem Boden zu tun oder nicht. Das gibt es für Privatleute bei keiner Bank. Viele Landwirte trifft dieser Vorwurf fraglos zu Unrecht, da sie Gemeinwohlaufgaben mit den ihnen zur Verfügung gestellten Mitteln übernehmen. Oder auf die Unterstützung wegen schlechter Bodenqualitäten angewiesen sind. Aber im Prinzip betrachtet sind die Direktzahlungen zumindest dann ein süßes Gift, wenn sie nicht stärker einer individuellen Prüfung unterliegen, sondern vor allem den Hektar *an sich* belohnen.

Mögliche Alternativen zur heutigen Förderung

Was aber wäre die Alternative, wenn man, wie mehrfach betont, in einer Förderung landwirtschaftlicher Betriebe durchaus einen Sinn erkennt und diese nicht pauschal beseitigen möchte? Hierbei muss man sich zunächst einen »deutsch-deutschen Sonderweg« klarmachen. Die ostdeutschen Betriebe sind im Schnitt deutlich größer als die in den alten Bundesländern, 1.000, 3.000 oder gar mehr Hektar und mehr werden hier erfolgreich bewirtschaftet.

Gegen eine Neujustierung der Bodenprämien werden die Widerstände an manchen Orten daher nicht gering sein. Zumindest dürfte es hierzu im sogenannten Verbandsrat, also dem Gremium der Landesbauernverbände, keine einheitliche Linie geben, sondern stattdessen 30 Jahre nach dem Mauerfall eher eine Spaltung der Interessen je nachdem, auf welcher Seite der ehemaligen innerdeutschen Grenze die Flächen liegen, um die es geht. Der Osten will, pauschal gesagt, dass jeder Hektar gleich gefördert wird, weil er viele davon hat. Die Landwirtschaft im Westen hingegen ist anders strukturiert, hat mehr »alte« Eigentümer mit weniger Hektar und dürfte sich, wenn es um eine Abkehr von der reinen Flächenförderung geht, gesprächsbereiter zeigen.

Ein Szenario für eine Veränderung könnte deshalb folgendermaßen aussehen: Von den gegenwärtig geförderten Flächen werden die »ersten« beispielsweise 300 Hektar voll prämiert, für alle Flächen darüber sinkt die Hektarförderung nach einer noch zu findenden Staffelung. Ein Großbetrieb in Ostdeutschland mit 1.000 Hektar bekäme dann nicht 300 Euro pro Hektar, sondern im Durchschnitt vielleicht nur 260 Euro.

Eine andere Alternative wäre eine Kappung, so dass oberhalb von 500 Hektar gar keine Förderung erfolgte oder diese zumindest degressiv ausfiele. Denkbar wäre auch, die jährlichen Zahlungen bei maximal 100.000 Euro pro Betrieb und Jahr zu deckeln beziehungsweise den Mitgliedstaaten die Möglichkeit zu geben, dies bereits ab 60.000 Euro zu tun – so der EU-Vorschlag vom Frühjahr 2018.

Allerdings: Auch bei solchen Modellen bliebe unberücksichtigt, wie fruchtbar oder weniger fruchtbar der Boden ist. So mag ein 1.000 Hektar-Betrieb in der Magdeburger Börde eine solche Umstellung gut verkraften können, während sie für einen ebenso großen Betrieb im sandigen Brandenburg den Untergang bedeuten würde.

Darum wird man wohl einen ganz anderen Weg gehen müssen, wenn man die unumgängliche Reform der europäischen Agrarförderung endlich in Angriff nehmen will. Ich bin der Meinung, dass man ein reformiertes Modell an der Ertragsstärke der Böden sowie an tatsächlichen Leistungen der Landwirte für den Erhalt von Kulturlandschaft und Umwelt ausrichten sollte.

Ob es hier tatsächlich zu einem Umparken im Kopf kommt? EU-Landwirtschaftskommissar Phil Hogan hat angekündigt, den Ländern nicht im Detail vorschreiben zu wollen, wie sie etwa für Hecken und Knicks und sonstige ökologische Maßnahmen zu sorgen haben, sondern lediglich Gesamtziele vorzugeben. Aber sein Vorschlag eines Deckels bei 100.000 Euro pro Betrieb ist nach Meinung von Beobachtern ein zartes Indiz dafür, vor allem kleinere Betriebe – darunter viele Familienbetriebe – unterstützen zu wollen.[10]

Direktzahlungen bleiben nötig – Innovationen sind aber entscheidend

Vielleicht haben Sie schon einmal vom »Jahr ohne Sommer« gehört. Als ein gewaltiger Vulkanausbruch östlich von Java unvorstellbare Mengen von Asche und Gestein in die Erdatmosphäre beförderte, fiel im Jahr 1816 der Sommer in Deutschland aus. Der Weizenpreis stieg daraufhin auf fast das Dreifache, die Landwirtschaft darbte und es kam im Südwesten Deutschlands zu einem Massenexodus der Bevölkerung nach Bessarabien am Schwarzen Meer, ins Banat, nach Siebenbürgen oder nach Amerika.

Zugleich passierte etwas Erstaunliches: Vor genau 200 Jahren, 1818, wurde die landwirtschaftliche Hochschule in Hohenheim nahe Stuttgart, mittlerweile Universität, als Versuchs- und Musteranstalt gegründet. Und in den Jahren nach der Krise wurden in Südwestdeutschland die Grundlagen für die Industrien gelegt, welche die Region zu einer der führenden im Maschinen- und Anlagenbau weltweit machten.

Könnte es darum vielleicht ganz falsch sein, einen Wirtschaftszweig, der aus eigener Kraft am Markt nicht existieren kann, mit öffentlichen Mitteln zu erhalten? Ich bin mittlerweile zumindest davon überzeugt, dass es einen Zusammenhang zwischen dem Vorhandensein von üppigen Naturressourcen wie Exportrohstoffen und landwirtschaftlichen Gütern auf der einen und mangelnder technischer und organisatorischer Innovation auf der anderen Seite gibt. Die Geschichte hat nämlich gezeigt, dass sich gerade solche Regionen technologisch frühzeitig auf den Weg machten und heute den Ton angeben, die von Natur aus weniger begütert waren als

andere.

Es gibt nirgendwo mehr Weltmarktführer und Patente in Deutschland als in Baden-Württemberg, dem industriellen »Powerhouse« der Republik. Genau dort, wo es die Landwirtschaft im Wortsinne von Natur aus immer schon schwerer hatte als anderswo. Und auch in anderen Regionen kann man diesen Zusammenhang sehen, wenn auch anders herum, ob in den USA oder in Russland, die über mehr als ein Jahrhundert lang ihre Wirtschaftsleistung vor allem auf die Förderung von Bodenschätzen wie Erdöl, Erdgas, Erzen und Edelmetallen stützten.

Wirtschaftswissenschaftler wissen: Der Überfluss an Ressourcen verleitet dazu, strukturelle Veränderungen sowie Investitionen in Innovationen zu spät anzugehen. In den ehemaligen Kolonialstaaten Afrikas oder in Ländern wie Venezuela und Kolumbien ist der einseitige Export von Rohstoffen ohne den gleichzeitigen Aufbau einer Fertigungsindustrie zu einer Geißel geworden. In Ländern wie Israel, das zu den innovativsten im Bereich der neuen Technologiefelder zählt, ist es genau umgekehrt.

Sollte man, noch einmal gefragt, also auf die Förderung der Landwirtschaft nicht doch verzichten, um gerade so Kräfte für die Erneuerung freizusetzen? Ich habe oben schon klargemacht, dass ich diese Frage entschieden verneine. Landwirte sind abhängig vom Wetter und vom Klima, ganz anders als das unter Hallendächern produzierende Gewerbe, dem es egal sein kann, wie sich klimatische Einflüsse entwickeln, ob es draußen über Wochen regnet oder nicht.

Die Landwirtschaft produziert außerdem sogenannte Commodities, standardisierte Massenprodukte mit deutlich geringeren Gewinnmargen als Luxuswagen oder Hightech-Maschinen. Sie hat darum anders als viele Industriebranchen nur begrenzt die Möglichkeit, steigende Verwaltungskosten, Benzin- und Dieselpreise an die Kunden weiterzugeben oder konjunkturelle Schwankungen durch Kurzarbeit auszugleichen. Sie wirtschaftet mit Lebewesen, die man nicht beliebig »hoch«- oder »runterfahren« kann wie eine Taktstraße. Tiere stehen im Stall, und Pflanzen wachsen nach den Zyklen der Natur – das ist die alltägliche Praxis der Landwirte und ihre stärkste systemische Größe.

Vor allem aber: Einige Leistungen der Landwirtschaft können nach den Gesetzen des Marktes gar nicht profitabel sein, genau wie Theater, Museen, Bildungseinrichtungen oder Bibliotheken es zumeist nicht sein können – und dennoch brauchen wir sie aus gesellschaftlichen Gründen. Der Markt regelt eben auch in der Landwirtschaft nicht alles. Wer wie Schäfer extensive Weidetierhaltung betreibt und dabei nachweislich gesellschaftliche Leistungen erbringt, indem er die Heide erhält oder für Biodiversität sorgt, der muss dafür eine Entschädigung erhalten, die sich nicht an einem »Marktpreis« bemisst.

Vielleicht liegt hierin auch *ein* Schlüssel, wenn es um Veränderungen im System der Tierhaltung in der deutschen Landwirtschaft geht. Das Züchter wie Mastbetriebe aufgrund der geringen Verbraucherpreise für Milch und Fleisch nämlich dazu verleitet, vom Billigen immer mehr zu erzeugen. Zoomen wir deshalb einmal näher an Deutschlands vielkritisierte Tierfabriken heran.

An seltenen Tagen sagt unser Sohn am Frühstückstisch die Vokabeln für seinen nächsten Englisch-Test auf, der den Bauernhof zum Thema hat. »Cow«, »pig«, »sheep«, »goat«, »horse«, »donkey«, »duck«, »henn« – es sind ausnahmslos Bezeichnungen für Tiere. Der Lehrplan für Berliner Grundschüler scheint Tiere für das markanteste Merkmal eines Bauernhofes zu halten.

Worte wie »grain«, »wheat«, »potatoe« oder »turnip« hat er hingegen noch nie gehört. Mit Ausnahme vielleicht in Episode IV von Star Wars, in der Han Solo zu Luke Skywalker den preisverdächtigen Satz sagt: »Im Weltall zu fliegen ist etwas anders als übers Rübenfeld, mein Junge!« Aber solche Sätze hat man im Original nicht parat, wenn man morgens um halbsieben verschlafen am Tisch sitzt und sein Brötchen mit Marmelade oder Honig bestreicht.

Wird uns die Landwirtschaft stärker als durch den Ackerbau durch Tiere anschaulich? Ist das Thema Pflanzenschutz erst in unseren Fokus geraten, seitdem der Tod von Insekten beklagt wird, die wir sinnlich und emotional anders wahrnehmen als Pflanzen? Könnte diese Wahrnehmung ihren Grund darin haben, dass uns Tiere physiologisch und auch sonst näher sind als »grain« oder »wheat«?

Tiere »produzieren«

Wenngleich sich das Land und die Landwirtschaft, wie gesehen, zunehmend technisieren, sprechen ihr viele Menschen ab, überhaupt zur »Wirtschaft« zu gehören. **89**

Gerade weil sie mit lebenden Wesen umgeht und sich nicht mit »Rohstoffen« und anderem leblosem Material beschäftigt.

Befremdet dürften viele Menschen darum auf Fachbegriffe reagieren, die man im bereits zitierten Situationsbericht des Bauernverbandes nachlesen kann, der besten mir bekannten und für jedermann zugänglichen Sammlung von Strukturdaten zur Landwirtschaft.

Dort ist im Kapitel »Erzeugung und Märkte« neben »pflanzlicher Erzeugung« ebenso nüchtern wie zutreffend von »tierischer Erzeugung« die Rede. Von »globalen Fleischmärkten«, »Weltfleischerzeugung«, »Produktionsanteilen«, »Schlachtgewicht«, der »globalen Rekordproduktion von Geflügelfleisch« und so weiter.

Es handelt sich um Begriffe, die, würde man sie in den Kontext der Produktion von Autos, Maschinen oder Elektronik stellen, keinerlei Anstoß erregten. Im Gegenteil: Eine »Rekordproduktion von Elektroautos« klänge nach großem Fortschritt, der den Irrtum der Politik, bis zum Jahr 2020 eine Millionen Elektroautos auf Deutschlands Straßen zu bringen, vergessen machen würde. Genauso wie die »Rekordproduktion« von Solarstrom, von der man an Sonnentagen hin und wieder lesen kann, einen Wandel zum Besseren verheißt.

Ist das Wort »Rekord« mit der Bilanzierung von Weizen- oder Kartoffelerträgen verknüpft, wird es bereits ganz anders wahrgenommen. Unterstellt man doch, dass sich der Mensch einiger widernatürlicher Kniffe bedient, wenn er Rekordwerte bei Feldfrüchten erzielt. Das kann man aber noch aushalten.

Wenn es hingegen um Rinder, Schweine und Geflügel geht, klingt »Rekord« nach Skrupellosigkeit. Deutet das Wort doch einen unzulässig kalten, ja statistischen Zugang zu Lebewesen an, die man am Ende ihres kurzen

Lebens – ein Schwein darf seinen ersten Geburtstag bekanntlich nicht erreichen, Masthähnchen leben nur fünf Wochen – in Schlachtgewicht bilanziert.

Sobald es um Tiere geht, wird es in der Debatte um die Landwirtschaft sofort hoch emotional. So gilt es beispielsweise als ausgemacht, dass, wenn schon Vieh gehalten und getötet werden muss, kleine Einheiten für Stalltiere immer besser sind als große. Aber ist das wirklich alles so klar und einfach? Was ist mit den Nachkriegshöfen, in denen Rinder zur Selbstversorgung in dunklen und kalten Ställen den ganzen Tag angebunden standen, verglichen mit heutigen modernen Großställen?

Tatsächlich gibt es die industrielle Viehhaltung bereits seit deutlich mehr als 100 Jahren. Und es lohnt sich auch hier, etwas Zeit auf die Frage zu verwenden, wie das Entstehen bestimmter Bilder im Zusammenhang mit Natur und Land mit den gesellschaftlichen und technischen Umbrüchen der Vergangenheit zusammenhängen.

Ein kurzer Blick in die Geschichte

Ein solcher technischer Umbruch fand in der zweiten Hälfte des 19. Jahrhunderts in den USA statt – und er ist zentral für das Antlitz heutiger Schlachtbetriebe in Deutschland. Was in vielen Industrieunternehmen als »Fließfertigung« in der Produktion mittlerweile gang und gäbe ist, wurde ab 1913 durch den US-Automobilhersteller Ford perfektioniert, aber – anders als viele meinen – nicht erfunden.

Ford ließ sein Modell T auf Fließbändern endmontieren und nicht mehr wie bisher an festen Einzelplätzen innerhalb der Werkhallen zusammenbauen, zwischen denen die Arbeiter hin und her liefen. Und dabei viel Zeit einbüßten. Diese Innovation hatte eine immense Steigerung der Produktion zur Folge. Es war die Geburtsstunde der modernen Industriefertigung im Automobilbau. Ihr entscheidendes Merkmal war der hohe Spezialisierungsgrad der Bandarbeiter, die im Takt des Fließbands dieselbe Tätigkeit im Akkord ausübten, wodurch sich Fertigungsgeschwindigkeiten minutengenau planen ließen. Ford war es dadurch möglich, die Preise seiner Autos zu senken und einen Millionenabsatz zu realisieren.

Das historisch Frappierende ist nun, dass die so entstandenen Produktionstechniken im Automobil- oder Maschinenbau ihren Ursprung tatsächlich in der Fleischproduktion haben und nicht etwa umgekehrt Großschlachtereien ihre Organisationsweise von den Taktstraßen in der Industrie abgeschaut hätten. Das erscheint mir auch logisch, um die schnell wachsenden Großstädte zunächst satt zu machen, bevor man sich mit der individuellen Fortbewegung befasste!

Um 1870, als es überhaupt noch keine Serienfertigung von Autos gab, wurde diese Produktionsmethode darum bereits in den Schlachthöfen Chicagos eingeführt. Chicago wurde so zum Fleischzentrum der Welt. Denn mit der automatisierten Fließbandproduktion gelang es erstmals, die Zeit von der Schlachtung eines Tiers bis zu seiner vollständigen Zerlegung auf 15 Minuten zu senken.

Was wir heute als »Massentierhaltung« und fabrikmäßige Verwertung von Tieren diskutieren, ist in Wahrheit also kein neues Phänomen, sondern 50 Jahre älter als die Automobilindustrie! Und insgesamt knapp 150 Jahre alt.

Tiere berühren uns

Robert Habeck, mehrere Jahre verantwortlicher Ressortchef in Schleswig-Holstein, hat im Zusammenhang mit Schlachthofbesuchen einmal beschrieben, was für ihn das unmittelbarste Problem der modernen Tierproduktion sei. Es gehe ihm nicht um Verstöße gegen den Tierschutz, schreibt Habeck in seinem Buch »Wer wagt, beginnt«. Denn gerade das routinierte Töten der Tiere im Minutentakt garantiere zumindest in der Vielzahl der Fälle einen korrekten Tötungsprozess.

Es gehe ihm vielmehr um die Diskrepanz, große Säugetiere zu streicheln und sich von »rauen Rinderzungen« an den Händen schlecken zu lassen – und dieselben Tiere im nächsten Augenblick als Produkte anzusehen, als Ware Fleisch – und sie zu töten. »Das ist schwer zusammenzukriegen.«[1]

Für mein Gefühl hat Habeck Recht. Aber ich finde, dass das Problem noch tiefer liegt: Wie gehen wir um mit der Herausforderung, die darin liegt, dass man Tiere eben nicht vorranging streichelt, sondern tötet, um sie zu verwerten? Kann ein immer »maschinelleres« Erzeugen und Töten von Lebewesen die richtige Antwort sein, um quasi den letzten Funken »Nähe« auch noch der Maschine zu überlassen?

Ist ein Ort, an dem es kaum Berührungen zwischen Mensch und Tier gibt, dafür hydraulische Anlagen, die im beruhigend blauen oder grünen Licht kalt und effizient ihren Dienst tun, unterstützt von – Sie lesen richtig – Panflötenmusik, weniger erschreckend? Und zwar nicht für die Tiere, sondern für den menschlichen Betrachter? Oder wäre es nicht gerade umgekehrt wichtig, auch beim unangenehmen Geschäft des Tötens auf den unmittelbaren sinnlichen Kontakt des Menschen zum Tier zu bestehen – und sei es nur, um »händisch« zu überprüfen, ob die Schweine tot sind, bevor sie ins Brühbad kommen? Das wäre ökonomisch nicht abbildbar. Ich sehe das Hauptproblem der modernen Tierhaltung und Schlachtung darum eher in der wachsenden Distanz, die zum einzeln »Objekt« entsteht – nicht in den Verstößen gegen den Tierschutz, die es in Einzelfällen auch geben mag.

In einem System, das wir perfektioniert haben, weil wir immer günstigeres Fleisch wollen – und zugleich hoffen, dieses irgendwie tiergerecht produzieren zu können. Auch bei diesem System der Standardisierung von Zucht, Aufzucht und Tötung geht es am Ende nämlich immer um einzelne Kreaturen, um ein Küken, eine Pute oder ein Schwein. »Mit einem eigenen Lebenswillen«, wie es in der ZDF-Reportage von Manfred Karremann »Unser täglich Tier« aus dem Jahr 2014 heißt.[2]

Die Tötung eines Tiers, das man über einen längeren Zeitraum begleitet hat, mag für den Betrachter daher nicht minder erschütternd sein als das rotierende Messer in einem Schlachthof. Denn auch bei Hausschlachtungen werden Tiere nicht romantisch »zu Tode gestreichelt«. Aber ich unterstelle, dass die Wertschätzung für das einzelne Tier wächst, wenn ich es als Gegenüber erfahre.

Wer diesem zugegebenermaßen abstrakten Gedanken einmal nachgehen möchte, dem sei der Selbstversuch des Tötens von Gans und Schwein zum Lesen empfohlen, den die Journalistin Barbara Klingbacher im Monatsmagazin der *Neuen Zürcher Zeitung* unter dem Titel »Der letzte Gang« beschrieben hat und für den sie den Journalistenpreis der Tönnies-Forschung im Jahr 2018 erhielt.[3]

Als Stadtkind bei Hausschlachtungen

Einen Selbstversuch mit dem Töten von Tieren habe ich bisher nur bei Fischen gemacht. Aber als Kind war ich oft bei den erwähnten Hausschlachtungen dabei – genauer gesagt: jedes Jahr. Hier habe ich jene Beziehung zum Tier erlebt, das man täglich vor Augen hat, an das man sich ein Stückweit »gewöhnt«, so, wie man sich eben an ein Nutztier gewöhnen kann.

Gerade bei einem Kind sind die Grenzen zwischen Erschrecken und Neugier allerdings fließend. So erinnere ich mich an das beklemmende Gefühl, dass ich verspürte, wenn ich dabei zusah, wie das Schwein, das ich zuvor täglich mit Küchenabfällen gefüttert hatte, an einem Strick aus dem Stall geführt wurde. Es wusste genau, dachte ich damals, was jetzt kommen würde.

Dieselben Gedanken hatte ich, wenn es an Weihnachten den Film »Die Weihnachtsganz Auguste« im Fernsehen gab, in dem eine Gans einer Familie so sehr ans Herz wächst, dass niemand sie mehr töten mag. In diesem Film wird das Tier schließlich mit einem Schlafmittel betäubt. Es wacht, nachdem es gerupft ist, aber wieder auf und bekommt nun einen Pullover, damit es nicht friert. Als Notlösung werden für das Festtagsmahl zwei Karpfen herbeigeschafft – doch auch diese sollen auf Wunsch der Kinder leben. Ein mir nicht unvertrautes Szenario.

Am »Heiligtag«, also dem Vormittag des 24. Dezember, musste ich in jedem Jahr einen Karpfen aus dem Geschäft holen. Er schwamm in einem Plastikbeutel, wurde auf Wunsch meines Vaters aber noch für einige Stunden in die Badewanne entlassen, bevor ihm nach dem betäubenden Schlag auf den Kopf der gezielte Schnitt zum Ausbluten zuteil wurde. Der Karpfen sollte so den oft modrigen Geschmack ein wenig verlieren, den große Fische dieser Art bisweilen haben.

Es ist schwerlich möglich, eine Beziehung zu einem Tier aufzubauen, das man für ein paar Stunden in der Badewanne beobachtet. Aber ich bin davon überzeugt, dass sich hierdurch dennoch eine andere Wahrnehmung zu einem Speisefisch einstellt als bei einem gekauften Fischfilet. Oder bei Pangasius oder Viktoriabarsch, welche immer öfter in Kantinen angeboten werden, weil der Einkaufspreis unter dem von heimischen Fischarten liegt. Von all dem Junk-Sushi ganz zu schweigen.

Ich erinnere mich zumindest noch gut, dass ich am Wannenrand saß und dem Fisch gespannt zuschaute, dessen Rücken so hoch war, dass die Flosse wie bei einem Weißen Hai aus dem Wasser lugte. Und dass ich darum bat, ihn so lange wie möglich schwimmen zu lassen. Vielleicht tat er mir nicht einmal leid, sondern die reine Neugier trieb mich, ihn mit dem Zeigefinger immer wieder zu berühren – eine Erfahrung zwischen Shampoo und Wäscheklammern, die meine Kinder in unserem Bad heute nicht mehr machen. Wäre es aber nicht meine Verantwortung, ihnen den Zusammenhang zwischen Essen und Töten buchstäblich vor Augen zu führen?

Pelze und Daunen

Es ist uns gut gelungen, das Nutzen von Tieren und die Tatsache, dass eben kein Tier »totgestreichelt« wird, bevor man es nutzen kann, in unserer Wahrnehmung gut voneinander zu trennen. Auf einem anderen, längst vergessenen Feld wird aber deutlich, wie absurd dieser Vorgang manchmal ist.

Niemand mag heute noch Pelzmäntel tragen wie in

den Achtzigerjahren, als man im Winter im Stadtbild in Kaninchen oder Rotfuchs, vor allem aber in Lammfell und nur selten in Nerz und Marder gewandete Menschen sah. Wer sich heute so kleidet, gilt nicht nur als prahlerisch, sondern dokumentiert, dass er in punkto Tierschutz ein unmoralisches Fossil ist. Er muss deshalb damit rechnen, auf offener Straße angefeindet zu werden.

Meine Familie besaß einmal ein alteingesessenes Kürschner-Geschäft, das bis Mitte der Neunzigerjahre eine Institution in der Stadt war, irgendwann aber Insolvenz anmelden musste. Alleinstehende Rentnerinnen ließen sich hier ihre Persianermäntel ausbessern, Offiziere der Roten Armee kauften Stolas für ihre Frauen. Termine für Reparaturen wurden Monate im Voraus vergeben, so dass der Laden auch im Sommer brummte, wenn keine Neuware über den Tisch ging. Die Mäntel hielten viele Jahre, im Grunde ein ganzes Leben. Oftmals wurden sie anschließend noch vererbt – auf Dauer nicht gerade ein gutes Geschäftsmodell für einen am Verkauf interessierten Betrieb.

Nach Einführung der D-Mark liefen die Verkäufe zunächst noch. Aber irgendwann blieben die Kunden aus. Tierschützer beschmierten die Scheiben oder kamen ins Geschäft. Vor allem aber sah man plötzlich viele sogenannte Outdoor-Jacken aus bunten synthetischen Membranen im Stadtbild, die man in Sport- und Wandergeschäften kaufen konnte. Und die angeblich »ökologisch« waren. Mir persönlich erschien es als Teenager vollkommen absurd, mit einem Namen wie »Jack Wolfskin« für Plastikjacken zu werben, weil man genau damit ja Schluss machen wollte, mit »Skins« von Tieren, und die wahren »Skins« in unserem Geschäft hingen. Was war eigentlich die Botschaft? Die der Freiheit in Wetterbekleidung?

Heute trägt im Winter niemand mehr Tierhäute, und Jack Wolfskin unterhält mittlerweile große Geschäfte in den teuersten Lagen. Dafür jeder Dritte Daunenjacken, wer es sich erlauben kann von Marken wie »Canada Goose«. Überall in Europa, es müssen Hunderttausende sein. Die kuschelige Daunenjacke ist zum zeitgenössischen Pelzmantel geworden. Aber Daunen wachsen nicht am Daunenbaum – sie werden Gänsen aus der Haut gerupft. Und die Echthaarkragen werden nicht synthetisch erzeugt. Sind sie darum am Ende tatsächlich tierfreundlicher als meine alte Lammfelljacke, die schon vor Jahren Patina angesetzt hat?

Haustiere und Nutztiere – das gespaltene Bewusstsein der Verbraucher

Wir nutzen Tiere, wir »verbrauchen« sie. Den entscheidenden Akt, der das Tier dem Verbrauch zugänglich macht, haben wir allerdings in die Verborgenheit der Schlachthöfe verbannt.

Zugleich bejammern wir, wenn dort im Akkordtakt Rinder, Schweine und Hühner getötet und zerlegt werden, so steril, als handele es sich um das Lackieren von PKWs. Die Tatsache, dass, wer Fleisch essen will, um das Töten nicht herumkommt, befremdet und ekelt den Verbraucher. Mit der auch für mich oft schwierigen Selbstermächtigung des Menschen über andere Lebewesen will man nichts zu tun haben. Und die, die Tiere töten, sollen dies bitte so machen, dass wir ein gutes Gewissen haben können. Gleichzeitig wollen wir beim Einkauf immer mehr Auswahl, gern zum günstigen Preis.

Woher rührt diese merkwürdig gespaltene Wahrnehmung, ja, diese Unaufrichtigkeit unserem eigenen Verhalten gegenüber? Der Journalist Dietrich Holler brachte mich zunächst auf den Gedanken, dass der Stall in der christlichen Kultur lange Zeit vermutlich präsenter und »heiliger« war als viele andere Gebäude. Denn in einem Stall kam Jesus zur Welt und mit ihm der Gedanke einer Erlösung.

Der Stall war zugleich in einer ebenso frommen wie agrarisch geprägten Gesellschaft der zentrale Ort des Lebens und Arbeitens. Und schließlich: Im Stall entschied sich immer wieder neu, ob eine Familie Wohlstand genießen konnte oder Not erleiden musste. Vielleicht erklärt diese tiefgehende kulturgeschichtliche Prägung zumindest zum Teil unseren Widerstand gegen die »Agrarindustrie« mit »Massentierhaltung« und industriell arbeitenden Schlachtbetrieben.

Doch auch ein anderes Phänomen sollte, wenn es um unser Verhältnis zu Tieren geht, Aufmerksamkeit finden: Wir unterscheiden zwischen Nutz- und Haustieren, was erneut zu einem gespaltenen Verhalten führt. Mich beschäftigt beispielsweise der Umstand, dass der Preis für ein Kilogramm Katzenfutter bei Premiumprodukten wie »Sheba« höher liegt als jener für Discounterfleisch, das Menschen verzehren. Beim Großhändler Fressnapf kostet die Sheba »Selection in Sauce« im 22 x 85 Gramm-Paket – zur Auswahl stehen Rinds-, Kaninchen- oder Hähnchenhappen – selbst im Dauertiefpreis 10,99 Euro, das sind rund 6 Euro pro Kilogramm Fleisch. Das Kilogramm gemischtes Schweine- und Rinderhack der REWE-Handelsmarke »Ja!«, das der Katzenbesitzer vielleicht für sich selbst kauft, kostet unter 5 Euro. ALDI Süd und andere bieten es schon mal für weniger als 3,70 Euro an.

Bei manchem mögen solche Beobachtungen düstere Ahnungen aufsteigen lassen: Ist es dasselbe Fleisch, das später in den Frikadellen und auf der weißen Porzellanuntertasse landen wird, von der die Siamkatze nascht? Gibt es einen riesigen Fleischwolf, aus dem eine glibberige Fleischmasse auf der einen Seite in die Sheba-Döschen für »Selection in Sauce« läuft – und auf der anderen in die Hackfleischpackungen?

Wie auch immer: Für die Tiere, die uns emotional wichtig sind, ist das Beste oft gerade gut genug. Verbraucher haben kein Problem damit, 5.000 Euro für einen Hundewelpen zu bezahlen. Altersschwache Hunde und Katzen werden oft für viel Geld in der Tierklinik behandelt, um das Unausweichliche hinauszuzögern; ich kenne das von unseren eigenen Hunden. Wir nehmen Anteil am Schicksal von Eisbärenjungen wie seinerzeit »Knut« oder schließen Zoo-Patenschaften für Erdmännchen ab. Das Schicksal von Nashörnern und Elefanten in der Savanne berührt uns bereits im Kindesalter. Das war auch bei mir so.

Aber bei einem Ferkelpreis von 40 Euro oder wenigen Euro für ein Masthähnchen zucken die meisten wohl nicht einmal mit den Schultern. Wie passt das zu »cow«, »pig«, »sheep«, »goat«, »horse«, »donkey«, »duck«, »henn« im Schulunterricht?

Kinder zeichnen Nutztiere

Noch immer beeindruckt mich hierbei eine Studie von »Tierärzte ohne Grenzen«, bei der Erst- bis Sechstklässler aus Hannover und Nairobi gebeten wurden, »Nutztiere« zu zeichnen. Das Ergebnis: Während nur 17 Prozent der Hannoveraner Schüler auch wirklich Nutztiere zu Papier brachten, der große Teil hingegen Wellensittiche, Zierfische, Katzen und Hunde, waren es bei den gleichaltrigen Kindern aus Nairobi 85 Prozent, die Rinder und Ziegen zeichneten.[4]

Was für Haustiere oder exotische Tiere gilt, gilt für Nutztiere eben nicht annähernd, wenn man sich das Konzept »Nutztier« unter dem Gesichtspunkt der Würde von Tieren überhaupt zu eigen macht. Bei ihnen wird das andere Extrem im Blick auf die Tiere deutlich, nämlich deren totale *Verdinglichung*, die ich als nicht minder problematisch empfinde als die abgöttische Liebe zum Haustier und dessen *Vermenschlichung*. Genau hier scheint mir am Ende auch der feine Unterschied zwischen »Verbrauchern« und »Kunden« zu liegen. Denn der Verbraucher »wünscht« sich etwas. Aber der Kunde »zahlt« für etwas, das oft nicht dasselbe ist wie das, was unseren Bekenntnissen und Wünschen entspricht.

Das Tierwohl-Siegel ebenso wie die »Privathof«-Produkte der Marke Wiesenhof und des Deutschen Tierschutzbundes spielen im Discounter zumindest bislang keine große Rolle. Und man mag lange darüber streiten, ob dies eine Frage des mangelnden, weil kostenintensiven Marketings ist, oder ob wir unsere Kaufentscheidungen letzten Endes eben doch nur als preisbewusste »Kunden« und nicht als aufgeklärte »Verbraucher« treffen.

Ob solche Label nach dänischem Vorbild vielleicht in Zukunft etwas ausrichten und Kunden zu Verbrauchern machen?[5] Die schieren Zahlen machen mich skeptisch. Heute werden in Deutschland rund 12 Millionen Rinder, 28 Millionen Schweine und unglaubliche 173 Millionen Stück Geflügel gehalten, während es zu Beginn des 20. Jahrhunderts 19 Millionen Rinder, 17 Millionen Schweine und 65 Millionen Stück Geflügel gab – und zehnmal so viele Pferde wie heute, die der Traktor als Zugtiere überflüssig gemacht hat. Es waren damals noch 4 Millionen. Wohlgemerkt auf einer Fläche des ehemaligen Deutschen Reiches, die 40 Prozent größer war als das Gebiet der heutigen Bundesrepublik.

Allein in Regionen wie der um Vechta in Niedersachsen gibt es viele Millionen Masthähnchen. Doch schauen wir uns die Dinge etwas genauer an. Ich habe dazu einen Landwirt besucht, der unweit der Geflügel-Hochburgen in Niedersachsen auf der anderen Seite der ehemaligen innerdeutschen Grenze lebt.

Geflügel

Es ist eine halbe Ewigkeit vergangen, seit Markus und ich uns das letzte Mal getroffen haben. Wir kennen uns seit Kindertagen, denn unsere Eltern waren einander aus der Kriegs- und Nachkriegszeit verbunden. Meine Mutter wuchs in dem Dorf auf, in dem Markus' Familie seit Generationen ansässig ist, nachdem sie Berlin zusammen mit ihren Geschwistern und meiner Großmutter wegen der Luftangriffe im Alter von zwei Jahren verlassen musste. Mein Großvater kam nach kurzer Kriegsgefangenschaft dazu. Er hielt die Familie als Grafiker über Wasser. Für kleine Malereien und Beschriftungen von Kannen und Eimern bekam er von den Bauern Milch, Kartoffeln oder vielleicht auch einmal ein Stück Fleisch. Traumatisiert hat ihn das nicht.

»Fleisch« hat auch Markus und mich zusammengebracht. Nachdem meine Großeltern zu Beginn der Fünfziger Jahren wieder nach Kleinmachnow an den Stadtrand Berlins gezogen waren, wurde es bei uns üblich, Jahr für Jahr in die »alte Heimat« zu fahren, wenn dort geschlachtet wurde. So kam es, dass später auch meine Eltern zu Markus und seiner Familie fuhren, wenn es Winter wurde. Damit sich das Fleisch länger hielt, Fliegen keine Eier darin ablegen konnten. Und man bereits zu den Festtagen frische Rohwurst hatte, die man mit

Koriander würzte, im Eichsfeld Feldkieker genannt. Ein für uns Norddeutsche damals fremder, großartiger Geschmack.

Heute ist es wieder frostig kalt. Markus trägt an diesem Dezembertag grüne Arbeitssachen. Sein Lachen ist das, das ich kenne. Der kräftige Druck und die raue Haut seiner Hand bringen mich dazu, mit meinen weichen Schreibtischfingern fester zuzudrücken als gewöhnlich, als wir uns begrüßen. Ich komme mir lächerlich vor dabei.

Markus betreibt einen kleinen Hof im Eichsfeld, und zwar jenem Teil, der in dieser katholischen Enklave der ehemaligen DDR protestantisch geblieben ist, weil man sich lang schon an einen evangelischen Grafen gebunden hatte. Er hat Hühner, hinzu kommen Enten und Gänse. Mit dem Blick von Verbrauchern, die auf landwirtschaftliche Betriebe schauen, würde man sagen: Markus Menzels Betrieb ist ein Bio-Hof. Allerdings einer in Reinkultur, wie sie radikaler nicht sein könnte.

Wenn man ihn sieht, wie er das Schwein »Heinrich« versorgt und über den Hof stapft, dann erinnert Markus an einen streng gläubigen Landmann aus dem 19. Jahrhundert. Für ihn, das wird schnell deutlich, gibt es nichts anderes als die Arbeit und das Vieh. Keine Hobbys, keine Reisen oder Urlaube. Markus ist jeden Tag viele Stunden im Einsatz, ohne Unterbrechung. Es ist ein Leben des Verzichts. Und doch wirkt er auf mich absolut im Reinen mit sich. Auch wenn er mit dem Hof, wie er ist, gerade so über die Runden kommt und selbst betont, dass seine Art und Weise zu wirtschaften kein Modell für die Mehrheit der Landwirte sein könne. »Zu viel Arbeit für zu wenig Ertrag!«

Das liebe Federvieh

Markus verfolgt zwei der drei »Linien« der Geflügelhaltung, die Wilhelm Busch in den berühmten Versen der »Witwe Bolte« zusammengefasst hat:

»Mancher gibt sich viele Müh'
Mit dem lieben Federvieh;
Einesteils der Eier wegen,
Welche diese Vögel legen;
Zweitens: Weil man dann und wann
Einen Braten essen kann;
Drittens aber nimmt man auch
Ihre Federn zum Gebrauch
In die Kissen und die Pfühle,
Denn man liegt nicht gerne kühle.«

Hühnerfedern werden kaum noch verwertet. Aber Eier und Fleisch kennzeichnen die Betriebsformen, die es heute in der Geflügelwirtschaft gibt – und die dem Verbraucher vielleicht ebenso wenig geläufig sind wie in der Rinderhaltung die Unterscheidung von Milch- und Fleischrindbetrieben. Man sollte diese zwei Betriebsformen allerdings kennen, um faktisch (nicht ethisch!) nachvollziehen zu können, warum rund die Hälfte jener Küken, die in Aufzuchtanlagen, in denen Legehennen-Küken schlüpfen, sterben. Denn sie sind männlich und gehören einer Hühnerrasse an, die zwar perfekt auf das Eierlegen hin gezüchtet wurde, aber keinen Fleischansatz zeigt. Männliche Küken dieser Rasse »können« also nichts – weder Eier legen, noch taugen sie für die Mast. Wirtschaftlich gesehen sind sie deshalb, so drastisch das klingt, »Ausschuss«.

Bei Markus ist das etwas anders. Er hat 200 reine Legehennen und hält zudem noch 80 Masthähnchen. Die

Legehennen enden nach zwei Jahren als Suppenhühner, die Masthähnchen werden nach 10 Wochen geschlachtet und zum Braten verkauft. Soweit ist auch bei Markus also noch alles ganz konventionell – nur nicht die Aufzucht und die Fütterung. Und der Faktor Zeit, den er den Tieren einräumt.

Seine Rechnung sieht dabei so aus: Für ein Masthähnchen-Küken zahlt Markus 2 Euro. Wenn er das Masthähnchen verkauft, erhält er dafür rund 15 Euro. Von den 13 Euro Differenz sind die Schlachtkosten – kein Mäster in Deutschland darf selbst schlachten, dies ist streng geregelt – in Höhe von 5 Euro noch abzuziehen. Bleiben also 8 Euro, von denen die Kosten für das Futter abgehen. Da Markus nur verfüttert, was er an Grünfutter selbst angebaut hat und lediglich Schrot zukauft, bleiben am Ende tatsächlich ein paar Euro für jedes verkaufte Masthähnchen über. Reich wird man damit nicht.

Wie sieht es nun bei den Legehennen aus? Junge Hühner legen die Eier, besagt eine Bauernweisheit, alte Kühe geben die Milch. Es bleibt also selbst bei Markus nicht unendlich viel Zeit. Eine Legehenne lebt bei ihm in etwa doppelt so lange wie gewöhnlich, zumindest gemessen an solchen konventionellen Betrieben, die keine gezielte Legepause oder »induzierte Mauser« zur Erholung der Tiere ermöglichen.

Legt man zugrunde, dass seine Hennen eine Legeleistung von 200 bis 250 Eiern pro Jahr haben, erhält Markus rechnerisch von jedem Tier maximal 500 Eier. Tatsächlich sind es oft nur 400, weil die Hennen, wie erwähnt, durch die Mauser gehen und darum sechs Wochen lang keine Eier legen. »Perfekt wäre, diesen Zyklus auf die Fastenzeit vor Ostern zu legen«, sagt er. Ich muss schmunzeln. Es ist derselbe Humor wie früher. **105**

Da mit dem Verkauf von Suppenhühnern gerade einmal der Schlachtpreis von 5 Euro zu erwirtschaften ist, müssen sich Markus' Hühner allein mithilfe des Verkaufes von Eiern »rechnen«. Kann das gelingen?

30 Cent kann Markus für ein Bio-Ei aus Freilandhaltung nehmen. Eine Legehenne erwirtschaftet also einen Umsatz von 120 bis 150 Euro in zwei Jahren, was recht ordentlich klingt. Bedenkt man aber, dass Markus 20 Cent pro Ei für Futtermittel und sonstige Betriebskosten wie Zäune und Netze, seinen VW-Caddy und die Beiträge zur Tierseuchenkasse aufbringt, dann bleiben ihm pro Ei gerade einmal 2 Cent Gewinn. Das macht 8 bis 10 Euro pro Henne, für die er im Einkauf 8 Euro hingelegt hat.

Auf gut Deutsch: Am Ende ist der Betrieb eine reine Liebhaberei, von der Markus nur deshalb leben kann, weil es nebenher einen Halbtagsjob in der Stadt hat und abends mit dem Traktor noch Brennholz aus dem Wald holt. Aber er kann kaum investieren, Mitarbeiter einstellen und muss jede größere Reparatur fürchten. Seine Größe bleibt also konstant – im Grunde dieselbe Situation, wie ich sie im historischen Teil zu den Rahmenbedingungen der Landwirtschaft seit dem 19. Jahrhundert beschrieben habe.

Größe zählt

Dieses einfache Beispiel macht deutlich, warum in einem Legebetrieb die Größe so entscheidend für den wirtschaftlichen Erfolg ist. Um auch nur annähernd konkurrenzfähig zu den Discountern zu sein, bei denen ein Ei round about 15 Cent kostet, müsste Markus mit wesentlich weniger Aufwand je Ei eine wesentlich höhere Zahl an Eiern produzieren. Das kann er aber nicht. Denn er ist heute bereits voll ausgelastet und bräuchte, um wachsen zu können, entweder modernere Stalltechnik oder mehrere Beschäftigte. Beide Optionen kann er nicht umsetzen, einfach weil das Geld für Investitionen fehlt.

So, wie es Markus geht, geht es vielen Landwirten in Deutschland. Der Zwang zur Größe führt deshalb zur Konzentration. Am Beispiel der Produktion von Geflügelfleisch wird das besonders deutlich. Fast die Hälfte der deutschen Geflügelproduktion findet in einer Handvoll von Landkreisen wie Oldenburg, Cloppenburg oder Vechta statt – bei 294 Landkreisen, die es in Deutschland zwischen Rügen und dem Bodensee gibt.

Während die Rinderproduktion trotz einiger Großbetriebe von vielen Tausend Unternehmen geleistet wird, die oft genossenschaftlich zusammengeschlossen sind, ist der Geflügelmarkt weitgehend monopolisiert. Einige wenige große Unternehmen machen das gesamte Geschäft von der Zucht, über die Aufzucht, Mästung und Schlachtung bis zur Vermarktung.

Historisch hat sich durch die Trennung von Mast- und Legebetrieben ein enorm produktiver Wirtschaftszweig entwickelt. Es gibt heute deshalb keine andere Fleischsorte, die kostengünstiger erzeugt werden kann als Hühnerfleisch. Was neben den genannten Faktoren auch daran liegt, dass Geflügel die beste Futterverwertung, hat: Wer mit möglichst wenig Futterkosten möglichst viel Fleisch produzieren will, der macht am besten in Huhn. Und das gilt weltweit. »Steigen die Futterkosten, ist der Trend zur Geflügelfleischerzeugung besonders stark ausgeprägt, vor allem in den Entwicklungs- und Schwellenländern«, stellt auch der jüngste Situationsbericht des Bauernverbands fest. Der alte

Spruch »Wer arm werden will und weiß nicht wie, der halte nur viel Federvieh«, ist also Nonsens. Es kommt wie immer in der Wirtschaft nur auf das richtige Verhältnis aus Einsatz und Ertrag an. Und der steigt, je größer die Einheiten werden.

Für die Erzeugung von einem Kilogramm Hähnchen-fleisch sind knapp zwei Kilo Futter nötig – ein unschlag-barer Wert verglichen mit den Mengen an Grünfutter, an Wasser und Ergänzungsfutter, die für die Erzeugung von einem Kilogramm Rindfleisch notwendig sind. Deswegen ist das Huhn in afrikanischen Metropolen heute das, was Fischarten wie Pangasius für asiatische Städte sind: die Haupteiweißquelle.

Aber nicht nur die »Futtereffizienz« macht Geflügel so lukrativ. Auch Zeit spielt eine Rolle. Ein Hähnchen braucht in einem konventionellen Betrieb im Durch-schnitt 35 Tage vom Küken bis zum Schlachttier – bei Markus, wie erwähnt, doppelt so lange. Ein Schwein benö-tigt bis zur Schlachtung, bei der es ein ideales Schlachtge-wicht von 110 Kilogramm haben sollte, rund 9 Monate. Bei Hausschlachtungen erreichen die Tiere starke vier Zentner, also ab 200 Kilogramm aufwärts. Alles andere gilt als magersüchtig. Bei Rindern liegt das Gewicht und damit auch die Mastzeit noch deutlich höher.

Geflügel bringt also nicht nur mehr Fleisch pro Kilo Fut-ter, sondern auch noch mehr Fleisch pro Zeiteinheit. Und hinzu kommt schließlich: Küken lassen sich einfach pro-duzieren. Brunft- und Tragzeiten, komplizierte Schwan-gerschaften und spezielle Aufzuchtställe – alles Dinge, die in der Rinder- und Schweinezucht zu berücksichtigen sind – spielen hier keine Rolle!

Kein Wunder also, dass es heute oben genannte 173 Millionen Stück Geflügel im Bundesgebiet gibt, womit

auf jeden Bürger zwei Hühner oder Puten kommen.
Deutschland ist damit anders als in vielen anderen Bereichen der Landwirtschaft mit einer Quote von mehr als
100 Prozent Selbstversorger. Die Deutschen nutzen das
fleißig und verzehren jedes Jahr um die 20 Kilogramm
Geflügel pro Kopf, wobei die Tendenz, anders als bei
Schweinen, sogar leicht nach oben geht.

Wer den Ton angibt

So erklärt sich auch, dass es vor allem in diesem Bereich
der Landwirtschaft unterdessen voll »integrierte« Betriebe gibt. In diesem Zusammenhang fällt schnell der
Name Wesjohann. Die *Frankfurter Allgemeine Zeitung*
bezeichnete den amtierenden Chef Peter Wesjohann
darum einmal als »Herrn der Hühner« – ein Titel, der
eigentlich bereits seinem Vater hätte gelten müssen.[6] Das
im niedersächsischen Visbek ansässige Unternehmen
EW-Group erwirtschaftet im Jahr knapp 2,5 Milliarden
Euro Umsatz, wobei 1,4 Milliarden Euro davon auf das
Geschäftsfeld »Geflügelspezialitäten mit der führenden
Marke Wiesenhof« entfällt, wie man der Unternehmens-
website entnehmen kann. Der Umsatz hat sich binnen
eines Jahrzehnts verdoppelt.

Die Firma lässt an verschiedenen Standorten täglich
eine Million Hühner schlachten – eine Zahl, die für die
meisten von uns eher nach »Apocalypse now« als nach
»Landwirtschaft« klingt. Aber anders lässt sich die Welt
der Chicken-Burger, Fitness-Salate mit Hähnchenbrust
und Brot-Aufschnitte aus dem Kühlregal nicht erschaf-
fen. Dazu tragen auch Schnellrestaurants wie »Kentucky
Fried Chicken« oder Halal-Fastfoodketten wie »Risa Chicken« in Berlin bei.

Es sind also auch die vielen Verbraucher, die dieses Paradies des billigen Fleisches wollen. Die Hähnchenmast konnte nämlich nur deshalb so groß werden, weil cholesterinarme Ernährung eines Tages zum Megathema in Zeitschriften, Fitnessmagazinen, Apotheken-Heften und vielen anderen Ratgebern wurde, während Schweinefleisch als zu fett galt und der Rindfleischkonsum unter der BSE-Angst zu leiden hatte.

Eine Millionen Hühner am Tag: Allein diese Zahl macht Wesjohann zum perfekten Feindbild für Gegner der industriellen Landwirtschaft. Nicht zuletzt deshalb, weil das Unternehmen keine Berührungsängste mit Medien hat und darüber spricht, was es tut. An seinem Beispiel kann man zeigen, wie Hühner-Produktion heute funktioniert. Eine durchaus notwendige Lehrstunde für Verbraucher.

Die meisten Menschen haben sicher nur eine ungenaue Vorstellung davon, wie »Geflügelspezialitäten« entstehen. Sie dürften darum schon überrascht sein, wenn sie hören, dass die überwiegende Zahl der Eier, aus denen Küken für die Mast schlüpfen, überhaupt nicht von Hennen ausgebrütet werden, sondern von Apparaten in sogenannten Brütereien.

Wesjohann betreibt diese Brütereien selbst, was so viel heißt wie: Kein Küken muss gekauft werden. Jedes erblickt sozusagen in derselben Firma, in dessen Schlachterei es vier Wochen später ins Jenseits befördert wird, schon das Licht der Welt. In der Zwischenzeit wird es mit Futter versorgt, das – genau – eben diese Firma in eigenen Futtermühlen produziert. Nur gemästet werden die Küken in der Zwischenzeit woanders, nämlich bei Lohnunternehmen. Der Grund dafür liegt auf der Hand: Jener Teil des Produktionsprozesses, der aufgrund des

Unterhalts der Ställe eher kostenintensiv ist, wird ausgegliedert.

Während mein Freund Markus seine Hennen und Hähne von Züchtern kauft, ist das System bei Wesjohann somit nahezu in sich geschlossen. Ein unschlagbarer Vorteil in der Preisgestaltung! Will sagen: Bei Wesjohann schlüpfen die Küken, die dann zu Lohnunternehmern wandern und dort im Auftrag der Firma mit Futter aus eigener Produktion gemästet werden. Anschließend landen die schlachtreifen Tiere wieder bei Wesjohann.

Um dafür ein in der *F.A.Z.* verwendetes willkürliches Rechenbeispiel zu nehmen: Der Lohnmäster zahlt, wenn er die Küken übernimmt, 36 Cent je Tier, und bekommt, wenn er sie wieder abgibt, knapp 1 Euro für das Kilo Schlachtgewicht. Nach Schlachtung und Vermarktung kostet das Huhn dann zwischen 3 und 5 Euro im Supermarkt. Für Masthähnchen in Hofläden muss man mehr hinlegen, 6 bis 8 Euro.[7]

Dass angesichts dieser Zahlen nicht viel Spielraum bleibt für Hof-Romantik, dürfte klar sein: Der Mäster, der das Küken einkauft, es füttert, einen Stall gebaut hat und für Licht und Wärme sorgt, erhält für das einzelne Tier nur Cent-Beträge. Deshalb braucht er möglichst viele Tiere, um schwarze Zahlen zu schreiben. Dennoch: Viele Geflügelhalter sind mit diesem System durchaus zufrieden. Es macht zwar »unfrei«. Aber es ist doch einigermaßen auskömmlich.

Schweine

Ich bewahre ein Foto auf, es mag um 1984 entstanden sein – dem Jahr von Los Angeles und der auf dem See treibenden Fische. Es zeigt mich mit grüner Jacke und Bommelmütze sowie Markus und dessen Vater. Vor uns liegt ein gerade getötetes Schwein, aus dessen Hals Blut auf den Boden rinnt. Das Tier dampft, draußen scheint es bitterkalt. Markus und ich strahlen um die Wette, neben uns am Foto-Rand sind der Schlachter und ein Gehilfe zu sehen, die sich gleich an dem Tier zu schaffen machen werden, es an seinen Läufen aufhängen und mit kochendem Wasser übergießen, um die Borsten mit einem Schaber zu entfernen. Dann werden sie es mit einem scharfen Messer aufschneiden. Der Dampf und der Geruch der Gedärme wird den kleinen Hof im Eichsfeld erfüllen.

Ein anderer, aus Hessen stammender Bekannter, erzählte mir vor kurzem: Er könne sich noch gut an die Schweine erinnern, die an ihren Hinterläufen aufgehängt an den Vorbauten der Traktoren baumelten, wenn er morgens mit dem Rad zur Schule fuhr. – Hier wie dort Bilder der rauen, aber doch auch authentischen Realität des Landes sind das, so scheint mir. Das nüchterne »Wat mutt, dat mutt« derjenigen, die wissen, dass ein Schwein und ein Acker Kartoffeln eine Familie durch den Winter bringt. Und dass, wer Fleisch essen will, auch töten muss.

Es ist eine archaische Erfahrungswelt, die für die meisten von uns in weite Ferne gerückt ist. Kein anderer Bereich der Viehzucht steht dabei so im Fadenkreuz wie die Schweineproduktion und die Schlachtung der Tiere. Und auch hier sind die Konzentrationsprozesse in der Landwirtschaft aufgrund der starken Export- und Mengenorientierung besonders greifbar: Unternehmen wie Tönnies, Vion Food und Westfleisch teilen sich über 50 Prozent des Marktes. Allein Tönnies kommt auf 30 Prozent, schlachtet also fast jedes dritte in Deutschland getötete Schwein.

Wenn die Gondeln Trauer tragen

Rund 50 Millionen Schweine werden jährlich in Deutschland geschlachtet, darunter auch Tiere, die im Ausland gemästet wurden und eigens zur Tötung und Verarbeitung nach Deutschland transportiert werden. Es dürften angesichts der oben genannten Zahl von 26 Millionen in Deutschland gehaltenen Schweinen also mehr als 20 Millionen zusätzliche Tiere sein, die man jährlich zu diesem Zweck aus Dänemark, den Niederlanden und Osteuropa auf LKW herankutschiert, um sie bei uns zu schlachten.[8]

Mehr als die Hälfte davon wird, bevor ihnen die Halsarterie durch einen Messerschnitt geöffnet wird, mit Kohlendioxid betäubt. Diese Methode und die Betäubung von Schlachttieren mittels Elektroschock sind in der EU alleinig zugelassen. Bei Tönnies, dem Marktführer, wendet man ausschließlich die CO_2-Methode an, denn diese ermöglicht effiziente Gruppen-Betäubungen. Die Tiere werden dazu in Gondeln getrieben, die in einem paternosterartigen Fahrstuhl – CO_2 ist schwerer als Luft – in einen Schacht hinabfahren. Dort herrscht eine 90prozentige CO_2-Athmosphäre. Was sich hier abspielt, ist in Videos dokumentiert und auch von Tönnies selbst untersucht: Die Tiere schnappen nach Luft, Panik entsteht, und oft erst nach 10 bis 20 Sekunden nach dem ersten Kontakt mit dem Gas tritt die Bewusstlosigkeit ein.

Bis zu 200 LKW-Ladungen mit dann insgesamt 26.000 Schweinen werden in Europas größtem Schlachthof am Stammsitz in Rheda-Wiedenbrück täglich angeliefert und geschlachtet. Der Firmenstandort im niedersächsischen Sögel schafft noch einmal die gleiche Zahl. Für Bio-Fleisch gelten dabei dieselben im Tierschutzgesetz geregelten Vorschriften für die Tötung wie für konventionell erzeugtes Fleisch. Tönnies schlachtet daher nicht nur für die großen Supermarktketten, sondern ist auch Deutschlands größter Bio-Fleischproduzent.

Muss es ausgerechnet CO_2 sein? Manche Experten meinen, dass Edelgase wie Helium oder Argon ein für die Tiere schonenderes Betäubungsverfahren ermöglichen würden als Kohlendioxid. Studien zufolge wären solche Verfahren aber mit negativen Effekten auf die Fleischqualität verbunden, einmal ganz davon abgesehen, dass Edelgase in so großen Volumen nicht kostengünstig zur Verfügung stehen. Hinzu kommt, dass Helium leichter ist als Luft und nach oben steigt, also eine Gefahr für die Arbeiter darstellt. Und dass die Tiere auch bei solchen Verfahren Abwehrreaktionen zeigen.

Es mag darum verstörend klingen, aber eine bessere Methode als die CO_2-Betäubung gibt es momentan nicht, wenn man die industrielle Tötung nicht grundsätzlich in Frage stellt. Denn Einzelbetäubungen mit Bolzenschussgerät wie bei den Hausschlachtungen im Eichsfeld können – so sehr sie das einzelne Tier auch in den Blick nehmen – kein Weg sein.

An der Debatte um Tiertötungen zeigt sich eher, wie doppelgesichtig die Haltung der Verbraucher oftmals ist: Fleisch soll stets vorhanden und billig sein. Das Töten aber soll bitteschön »irgendwie human« vonstattengehen. Das Töten, das Sterben der Tiere, die wir essen: Es ist für uns ferner als in den Tagen, als tote Schweine von Traktoren hingen.

Alte Straßennamen und die Ferne des Tötens

Der Weg zur Hölle, heißt es, ist oft mit guten Absichten gepflastert. Als ich die Bilder von der CO_2-Betäubung zum ersten Mal sah, war mein spontaner Impuls, dass es einer Gesellschaft nicht würdig sein kann, die Tötung von Tieren auf diese Weise starten zu lassen. Ich musste an den berühmten Satz Gandhis denken, wonach sich Größe und moralischer Fortschritt einer Gesellschaft daran zeigten, wie sie ihre Tiere behandle. Und doch hilft es, seine Gedanken etwas zu sortieren. Und zu fragen: Was genau uns den Atem stocken lässt.

Vielleicht täusche ich mich, aber nach meinem Eindruck werden wir augenblicklich Zeuge einer großen Paradoxie der Bilder. Während die Autoren blutrünstiger Krimis und Reportagen aus der Gerichtsmedizin zu den Gewinnern des Buchmarkts zählen, während so gut wie jeden Abend auch in den öffentlich-rechtlichen Programmen in »Krimis« aus Deutschland oder Schweden gestorben wird und auf Netflix oder Amazon Prime Exekutions- und Verstümmelungsszenen zu sehen sind, die noch vor 20 Jahren von keiner staatlichen Kommission freigegeben worden wären, ist das Töten von Tieren als erlebtes Moment unseres Alltags vollkommen verschwunden.

Die Heftigkeit der Diskussion könnte ihren Grund darum auch in den Vorurteilen haben, die aus dieser Unkenntnis erwachsen: Wir haben Vorstellungen, aber keine Anschauung. In diesem Zusammenhang denke ich heute wieder öfter an eine Begebenheit, die einige Jahre zurückliegt.

2011 hatte ich im Rahmen von Recherchen für mein letztes Buch den mittelständischen Metzgermeister Paul Götz in Ehingen an der Donau besucht. Er zeigte mir die Stadt und den »Weg des Viehs«. Wir standen auf einer Brücke in der Altstadt, und Paul Götz beschrieb, wie sich das früher abgespielt hatte. Wie er das Vieh in den umliegenden Dörfern in einem Radius auswählte, der nicht größer als 20 Kilometer war. Oder wie Rinder von einem der Bauern, seinem Cousin, inmitten der Stadt gehalten wurden und zur Schlachtung genau an jener Stelle an einem Donau-Zufluss vorbeigetrieben wurden, an der wir nun standen. Er sagte:

»Dort drüben wurden sie gehalten, zwei Gassen weiter wurden sie geschlachtet, wiederum ein paar Gassen weiter weiterverarbeitet und dann an die Kunden verkauft. Das Meiste spielte sich binnen weniger Quadratkilometer ab, inmitten der Stadt.«[9] Und nicht wie heute: abgeschirmt von den Blicken der Menschen. Das bei Tönnies in Rheda-Wiedenbrück täglich Tausende Schweine geschlachtet werden: Das sieht man – abgesehen von den LKW-Verkehren – eben nicht, das hört man nicht, und das riecht man nicht.

Wer ein Buch schreibt, das sich aus der Perspektive der Kommunikation dem Thema Landwirtschaft nähert, kann diesen Punkt kaum überbetonen: Früher war es, anders als der Volksmund meint, eben ganz entschieden nicht besser, was das Tierwohl, die Hygiene, die Arbeitsbelastung für Männer wie Paul Götz anbelangt. Etwas aber war anders, und ich glaube, es ist entscheidend für das Bild der Landwirtschaft in ihrer Umwelt: ihre Präsenz.

Während man heute als Tourist auf Märkten wie jenem an der Piazza Vittorio Emanuele in Rom bestaunt, wie die Stände der Metzger mit Bergen von Fleisch versorgt werden, gehörte es auch in Deutschland einmal zum Straßenbild, dass Schweinehälften aus kleinen LKWs in Läden getragen wurden. Mittlerweile ist das alles aus dem Straßenbild verschwunden, die gesamte Kette aus Viehhaltung, Schlachtung, Zerlegung und Verarbeitung ist aus den Städten und damit aus unserem Blickfeld verbannt.

In den meisten deutschen Städten war es noch vor zwanzig Jahren normal, dass morgens Lieferwagen vor den Fleischgeschäften standen, aus denen Männer in weißen Kitteln Kisten mit Wurst oder Schweinehälften luden und hineintrugen. In vielen Kleinstädten wie Ehingen gab es zudem Ställe, an denen man vorbeifuhr und Rinder sah oder hörte. Und heute? Erinnern nur noch Straßennamen an das einstige Vorhandensein von Schlachthöfen, Gerbereien oder Kürschnereien. Da gibt es dann noch den »Gerberbruch« wie in meiner Heimatstadt. Oder im Norden des Berliner Stadtteils Friedrichshain, wo ich als Student lebte, die »Börse«, die »Viehtrift« oder die Straße »Zur Waage«.

Wer sich ein Bild von der Präsenz von Fleischträgern im angesagten Bötzow-Viertel in Prenzlauer Berg oder der Anlieferung von geschlachteten Kaninchen an der »Ackerhalle« in der Ackerstraße in Berlin-Mitte unter den Augen von Kindern machen möchte, kann dies tun.[10] Solche Berufe und deren Protagonisten sind nicht anders als Kohlefahrer und -träger, Schornsteinfeger und vieles andere aus den schönen Altbauvierteln der Städte verschwunden. Die moderne Technik hat sie so überflüssig gemacht wie die Kompaktkassette und den Bandsalat.

Sozialromantik wäre hier fehl am Platz, zumal das Sprechen über vergangene Zeiten oft mit dem Klagen über Verluste einhergeht, viele technische Veränderungen in der Regel aber entschieden zum Vorteil sind. Überall in Europa sind die kleinen Geschäfte und Handwerkerateliers aus den Innenstädten verschwunden, möchte man in Anlehnung an einen Rom-Essay des Schriftstellers Martin Mosebach formulieren, warum also nicht auch in Berlin?[11]

Dort, wo sich in Friedrichshain einmal das Schlachthofgelände befand, gibt es heute Eigentumswohnungen,

Europas größten Zweirad-Händler namens »Stadler« und Supermärkte. Den Großteil der Menschen dürfte das freuen, sie dürften das als Fortschritt empfinden. Wo, fragt man sich dennoch, kommen all die Dinge her, die man hier einkaufen kann? Deren Entstehen wir aber nicht mehr sehen, vielleicht nicht mehr sehen wollen?

Spezialisierung auch beim Schwein

Weltweit werden jedes Jahr über 100 Millionen Tonnen Schweinefleisch produziert. Das ist die Fleischmenge von rund einer Milliarde Tiere, wobei diese aber nicht so aussehen wie das Schwein, das Markus' Vater damals hielt. Kein Mäster verkauft heute ein Tier an den Schlachthof, das vier Zentner auf die Waage bringt. Ein Schlachtschwein soll vielmehr, wenn es nach rund sechs Monaten, in denen es täglich 700 Gramm zugenommen hat, aus dem Stall kommt, im Idealfall ein Schlachtgewicht von 85 Kilogramm haben und insgesamt – also mit Haut, Knochen und Eingeweiden – nicht mehr als 115 Kilogramm wiegen.

Warum ist es so, dass Schweine so jung und »leichtgewichtig« sterben? Weil es einen bestimmten Entwicklungspunkt gibt, an dem im Schweineleben die Fleischqualität, die der Verbraucher wünscht, bei einer wirtschaftlich optimalen Ausnutzung des Futters erzielt wird. Nicht jeder ist vielleicht fitnessvernarrt, aber viele Verbraucher sind hellhörig geworden angesichts von Nachrichten über zu viel Fett und Cholesterin. Jenseits der Altersgrenze von einem halben Jahr und einem Gewicht von etwa 115 Kilo muss ein Schwein, um zuzunehmen, immer mehr fressen. Gleichzeitig setzt es immer mehr Fett an. Ein Schwein, wie Markus' Vater es hielt, ist aus dieser Perspektive ein Verlustgeschäft: Zu viel Futter je Kilogramm Gewicht in der Produktion – und dann noch fettes Fleisch, das der Verbraucher nicht kaufen will! Deswegen muss es beizeiten zum Schlachter.

Und nicht nur das Ende, auch der Beginn eines Schweinelebens unterliegt einem nüchternen wirtschaftlichen Kalkül. Denn es gibt, wie angedeutet, auch auf diesem Feld des Agrarsektors ein System aus Spezialisten: Betriebe, die Elterntiere produzieren; solche, die Nachkommen erzeugen; diejenigen, die diese bis zur Schlachtreife mästen; und schließlich Betriebe, welche die Schlachtung und Verarbeitung übernehmen. Ein Mehrsäulenmodell, wenn man so will.

Alles beginnt dabei mit den Spermien: Es gibt hochspezialisierte Produzenten, die das Sperma der von ihnen gehaltenen Zuchteber an die rund 8.000 Sauen-Halter in Deutschland verkaufen. Diese, Repräsentanten der zweiten Säule sozusagen, produzieren mithilfe ihrer Zuchtsauen Ferkel, die sie entweder selbst großziehen oder einem Vertragsbetrieb zur Aufzucht übergeben. Und so weiter.

Man darf sich das nicht trivial vorstellen, denn im Hintergrund steht eine Zuchtstrategie, die die Hochleistungserträge der modernen Landwirtschaft erst möglich macht, die Hybridzucht nämlich. Sie findet bei Pflanzen, Geflügel und eben auch bei Schweinen Anwendung. Ihr Geheimnis ist der sogenannte Heterosis-Effekt, der – grob beschrieben – Folgendes besagt: Kreuzt man zwei reinerbige Linien miteinander, dann entstehen Nachkommen, die robuster und ertragreicher sind als die Elterngeneration. Allerdings: Die Nachkommen selbst vererben diese guten Eigenschaften nicht. **119**

Tatsächlich gibt es nun sowohl bei Pflanzen, wie auch in der Geflügel- und Schweinezucht Firmen, die Linienzuchten betreiben und in diesen Linien bestimmte Eigenschaften selektieren. Hybride dieser Linien haben dann die von den Landwirten oder eben den Verbrauchern gewünschten Eigenschaften. Bei Pflanzen kann das Trockenheitsresistenz sein, bei Hühnern Legeleistung und bei Schweinen eben die Fleischqualität. (Und warum das ganze Thema heute auch für Bienen und andere Insekten wichtig ist, die bei Hybridpflanzen aus dem Gartencenter keinen Nektar sammeln können, erzähle ich Ihnen später).

Der Landwirt kann das Saatgut der Hybride ausbringen oder die Tiere mästen, er kann aber mit den Pflanzen oder Tieren nicht züchten. Denn die Eigenschaften werden von Hybriden nicht vererbt. Nachkommen mit den gewünschten Eigenschaften können nur diejenigen erzeugen, die sozusagen den »Quellcode« kennen. Aber aus welchen Kreuzungen die einzelnen Hochleistungshybriden entstehen, das behalten Saatgut- und Zuchtbetriebe natürlich für sich.

Der Schweinemäster muss also mit Ferkeln, die er einkaufen *muss*, weil nur diese sich marktgerecht entwickeln können, und die er nicht selber schlachten und vermarkten kann, einen Ertrag erwirtschaften, der von globalen Faktoren abhängig ist, auf die er wiederum keinen Einfluss hat. Ganz schön komplizierter Satz, oder? Aber genau das ist Landwirtschaft heute: verdammt komplex!

Lieber noch ein Rechenbeispiel: Größere Betriebe kaufen Ferkel von Aufzuchtbetrieben für etwa 40 Euro pro Tier. Für ein schlachtreifes Tier erhält der Mäster vom Schlachthof nach sechs Monaten Mast keinen Pauschalpreis, sondern einen Preis pro Kilogramm. Dieser liegt zwischen 1,40 Euro und 1,80 Euro.

Für ein Schwein bekommt der Mäster bei einem Schlachtgewicht von 85 Kilogramm also im Mittel etwa 140 Euro. Zieht man davon die Kosten wie die Abschreibungen für den Stall, der schon einmal eine Million Euro kosten kann, für den Veterinär, das Futter und für den Lohn des Mästers ab, dann bleiben 15 bis 20 Euro Gewinn je Schwein. Wenn es gut läuft. Es gibt aber auch Phasen, in denen der Erlös Null ist. Unter anderem dann, wenn der Weltmarkt entsprechend auf die Preise drückt, die Futterpreise anziehen oder irgendein Skandal zu einem Absatzeinbruch auf den Märkten führt.

Sondersituation der Landwirtschaft

Hier wird noch einmal die Sondersituation der Landwirte im Vergleich zu den meisten anderen Branchen, die sich in einem globalen Markt befinden, deutlich. Krisen gibt es überall, im Automobilbau nicht anders als auf den Rohstoffmärkten. Wenn ein Landwirt ein Schwein angesichts aktuell niedriger Preise allerdings nur eine oder zwei Wochen länger im Stall stehen lassen will, um ein Preistief »auszusitzen«, läuft er Gefahr, dass das Tier im Wert schlagartig sinkt. Unter anderem deshalb, da es ab einem Wachstumsoptimum, wie beschrieben, überproportional viel frisst und überproportional viel Fett ansetzt, das anschließend keiner von uns kaufen mag.

Dasselbe gilt für Getreide, das von Lohnunternehmen mit exakt getakteten Fremdarbeitskräften geerntet wird und schon vorab als »Termingeschäft« über die Bühne geht. Einer der berühmtesten Romane der deutschen Literatur, Thomas Manns »Buddenbrooks«, handelt auch *davon* und nimmt vieles von dem vorweg, über das heute in der Landwirtschaft gesprochen wird. So wird ein Geschäft, bei dem Thomas Buddenbrook eine größere Menge Getreide von einem in Geldschwierigkeiten gekommenen mecklenburgischen Landadligen namens Ralf von Maiboom »auf dem Halm« abkauft, zum Umschlagpunkt der Geschichte. Die Ernte wird durch schweren Hagelschlag zerstört. Und mit ihr ein großes Vermögen.

Angesichts der heute in Tonnen berechneten riesigen Mengen besitzen selbst winzige Preisunterschiede das Potenzial, über Erfolg oder Misserfolg zu entscheiden. Und noch immer zählen wie zur Zeit des Romans das Wetter und die klimatischen Bedingungen zu wichtigen Einflussfaktoren im Termingeschäft. »Auf dem Halm« zu kaufen bedeutet dabei damals wie heute, zu einem Zeitpunkt zu kaufen, an dem die Ernte überhaupt noch nicht realisiert ist! Anders als damals gibt es heute wenigstens Versicherungen gegen Hagelschlag.

Kaum ein Verbraucher dürfte sich über solche immensen kalkulatorischen Risiken im Klaren sein, wenn er am Wurstregal steht oder ein Toastbrot auf Weizenbasis kauft. Aber die Möglichkeiten für Landwirte, auf kurzfristige Preisausschläge oder Wetterschäden durch die Drosselung oder Anhebung der Produktion zu reagieren, tendieren gegen Null. Und es gehört nicht viel Phantasie dazu, sich vorzustellen, dass mancher Handelsbetrieb solche Schwächen gezielt ausnutzt, um die Einkaufspreise zu drücken.

Als Verbraucher sollte man zudem noch ein anderes Faktum zur Kenntnis nehmen, das ebenfalls etwas mit dem Weltmarkt zu tun hat. Den Faktor Futter nämlich. Genau wie bei Milchkühen, bei denen die Fütterung mit Raufutter wie Gras schon lange nicht mehr ausreicht, um den Kalorienbedarf von Hochleistungsrassen zu decken, werden Schweine vor allem mit Kraftfutter ernährt. Das Stichwort lautet Soja.

Rinder werden überwiegend in Regionen gehalten, in denen der Boden mäßig ertragreich ist und nur Gras hergibt. Während man das Raufutter traditionell von »vor Ort« nimmt, kann man einen Schweinestall theoretisch überall auf der sprichwörtlichen grünen Wiese hochziehen. Denn der neben der Arbeitskraft entscheidende Kostenfaktor dieses Produktionssektors – das Futter, das je nach Tierart bis zu 60 Prozent der Kosten ausmacht – kann weltweit angebaut und dann importiert werden. Anders als Heu ist Soja bekanntlich kein heimisches Produkt.

So kommt es zu einer regionalen Entkopplung zwischen Futtermittel- und Fleischproduktion. Die Hochburgen der Schweinefleischproduktion haben sich deshalb logischerweise auch dort gebildet, wo es eine relative Nähe zu den Häfen gibt: im Nordwesten Deutschlands.

Warum die regionale Erzeugung von Fleisch eine Utopie ist

Dass die großen Erzeuger von Schweinefleisch vor allem in Niedersachsen und dort besonders stark in Südoldenburg und der Region Cloppenburg und Vechta beheimatet sind, ist also der frühen Globalisierung des Fleisch- und Futtermittelmarktes geschuldet. Zugleich ist diese Konzentration auch Ausdruck des Strebens der Menschen nach immer auskömmlicheren Einkommensquellen. Historisch kann man das Entstehen der Fleischregionen im Nordwesten ähnlich deuten wie den Aufbau der Automobilproduktion im Südwesten: Was dem Ländle das Auto, war für die Region Weser-Ems zumindest früher einmal das Vieh – ein Weg aus der Armut. Auch wenn das Emsland seit dem Bau der A 31 heute eine dynamische Boom-Region ist, in der es um weit mehr als um Milch und Fleisch geht.

Und doch ist das, was man »Veredlung« in der Landwirtschaft nennt, also die gezielte Nutzung von Futter zum Zwecke der preislich höherwertigen Nutztierhaltung, ein wichtiges wirtschaftsgeografisches Faktum. Der Geldstrom geht, grob gesagt, nämlich vom Gras oder der Sojapflanze zur Milch und dem Fleisch.

Man nennt Nutztierbetriebe daher im Fachjargon auch »Veredlungswirtschaft«, was ein wenig nach Raffinerie und Rohöl klingt. Aber es ist eine wichtige Erklärung dafür, warum sich die Tierhaltung in Deutschland überproportional zum Ackerbau entwickelt hat: weil sich mit ihr mehr Geld verdienen ließ. Sie ist ein Privileg der Ersten Welt. Denn gäbe es weltweit einen Fleisch- und Milchkonsum wie in Deutschland, würde die globale Bodenfläche für Futtermittel nicht ausreichen. Ja, man kann ganz wertfrei sagen, dass durch die Futtermittelimporte für die »Veredlungswirtschaft« eine Entkopplung der früher stärker ausbalancierten Tier- und Pflanzenproduktion überhaupt erst stattgefunden hat.

Die Konzentration der Fleischproduktion hat nicht zuletzt mit der Bevölkerungsentwicklung in den Großstädten zu tun, die versorgt sein wollten und wollen. Gerade hier wird deutlich, wie ahnungslos die Idee ist, die Fleischproduktion ließe sich wieder so regional organisieren wie im Ehingen des Metzgermeisters Götz!

Nehmen wir zum Beispiel die Stadt, in der ich lebe, Berlin. Legen wir hypothetisch zugrunde, dass von den mehr als 3,5 Millionen Einwohnern vielleicht 2 Millionen Schweinefleisch zumindest dann und wann essen möchten. Und dass dieses Fleisch in einem Umkreis von nicht weiter als 100 Kilometern produziert werden soll – ganz regional. Genauso, wie wir es wollen.

Kann man sich ausmalen, was es für den ländlichen Raum in Brandenburg bedeuten würde, wenn jeder Berliner im Jahr durchschnittlich 60 Kilogramm Fleisch aus regionaler Erzeugung verzehrte? 1,5 Millionen Schweine müssten dort gemästet, geschlachtet und weiterverarbeitet werden. Das wären gut 180 Schweine pro Quadratkilometer und Jahr!

Und selbst wenn wir nicht den Durchschnittsverbrauch der Deutschen beim Verzehr von Schweinefleisch zugrunde legen, sondern annehmen, dass die 2 Millionen Fleischesser in Berlin gesundheitsbewusst nur 500 Gramm pro Woche zu sich nähmen: Dann würden immer noch 52 Millionen Kilo Fleisch gegessen werden, für die über 600.000 Schweine mit einem Schlachtgewicht von 85 Kilo ihr Leben lassen müssten. Bei einer Bestandsgröße von 1.000 Tieren – auch hier hilft mein alter Schultaschenrechner – wären das rund 6.000 Schweinemastbetriebe. Ganz regional um Berlin herum verteilt.

Berlin wäre bei konsequenter Befolgung des Regionalitätsprinzips also umgeben von einem Netz aus Ställen – und zwar dramatischer, als es vor 1989 in der DDR der Fall war. Und damit ja nicht genug: Die Ställe müssten mit Futter versorgt und die Schweine abtransportiert werden. Man kann sich die LKW-Kolonnen auf den malerischen Alleen Fontanes vorstellen...

Unmengen an »Nährstoffen« fielen zudem an. So sprechen Agrarökonomen etwas vornehmer, wenn sie »Gülle« meinen. Was das für den Nitrat-Gehalt im Grundwasser und die Belastung von Naherholungsseen wie dem Liepnitzsee bedeutete, kann man sich denken. Dabei hätte Berlin wenigstens das Umland, in dem eine regionale Versorgung »untergebracht« werden könnte. Aber wie soll das um Dortmund oder Düsseldorf herum geschehen?

Wir sollten uns die Dinge also nicht zu einfach machen! Wer dreimal in der Woche ein Schnitzel auf dem Teller sehen will, darf sich über zu viel Nitrat im Grundwasser nicht wundern. Und er darf jenen, die den »Dirty Job« für eine Vielzahl von Fleischessern erledigen, sicher nicht mit Geringschätzung begegnen.

Gerade geschichtlich spricht nämlich einiges dafür, Nahrung eben nicht regional zu produzieren – auch wenn man sie nicht gerade um die halbe Welt transportieren muss. Städte in der Frühen Neuzeit und selbst im 19. Jahrhundert beherbergten noch ein hohes Maß an Subsistenzwirtschaft und viele Eigenversorger. In Thomas Machos schmaler, aber erhellender Kulturgeschichte des Schweins kann man nachlesen, dass Schweine selbstverständlich zum Straßenbild der Städte gehörten, wie nahe Mensch und Tier im Alltag zusammenlebten.[12]

Irgendwann aber funktionierte das nicht mehr, weil die Städte im Zeitalter der Industrialisierung rasant wuchsen und sich neue Berufe wie der des Industriearbeiters herausbildeten. Die Menschen lebten auf engstem Raum, mussten gleichzeitig aber ernährt werden – siehe die Logik der Fabrik in Chicago. So war es nur konsequent, die Tiere nicht mehr in den Städten zu halten und zu verwerten. Genau wie die Versorgung der städtischen Bevölkerung nach 1870 mit Milch und Butter durch die umliegenden Bauernhöfe an ihre Grenzen stieß und die entstehenden Molkereien und Meiereien dazu übergingen, Produkte zu kaufen und zu vermarkten, wie etwa die in Berlin 1879 gegründete Meierei Bolle.[13]

In dieser Zeit wurden arme ländliche Regionen die Kornkammern der Städte und die Gebiete, in denen die Schweine für den Fleischkonsum der Städte gezüchtet und gemästet wurden – wie jene in Niedersachsen, die es heute noch sind. So entstand vor mehr als einhundert Jahren das Gefälle, das wir heute oft beklagen, ohne nach dem geschichtlichen Warum zu fragen.

Nochmal: Man muss deshalb nicht zum Fan der »Massentierhaltung« werden. Ich persönlich denke ganz ohne Grausen an das Freitagsfleischverbot, das die Grünen zur Bundestagswahl 2013 unter dem Namen »Veggie Day« erfolglos ins Spiel brachten. Historisch galt es ohnehin nur für die Obrigkeit und solche Klöster, in denen kein Mangel herrschte. In manchen Gegenden Süddeutschlands holte die Bevölkerung infolgedessen einfach Biber aus dem Wasser und erklärte sie zu Fischen. Genau wie Suppenschildkröten, die man während der Fastenzeit essen durfte und so fast ausrottete. Und man erfand die Maultaschen, kleine kulinarische Pharisäer. Ein bisschen Selbstbetrug gab es also schon immer beim Thema Ernährung!

Vielleicht sollte man seine Urteile über heutige Sachverhalte aber gelegentlich mit einem Blick in die Geschichte gegenprüfen. Der Löninger Schweinemäster Victor Thole brachte es auf einer Veranstaltung im Herbst 2017 jedenfalls auf den Punkt, wenn er ironisch über die Berliner meinte: »Ich möchte kein Schwein, das aus Cloppenburg/Vechta kommt. Mein Schwein soll aus Berlin-Stadtmitte kommen. Das sind Utopien!«[14] Ich saß im Publikum. Und fand das treffend.

Rinder

Markus' Vater trägt eine große Narbe auf dem Bauch. Sie stammt von einem Unfall vor 30 Jahren, bei dem er fast sein Leben gelassen hätte. Er ging in den Stall und geriet dem Bullen vor die Hörner, der aus irgendeinem Grund auf ihn losging und ihm ein Horn in den Bauch rammte. Nur durch das Eingreifen seines älteren Sohnes konnte das Tier dazu gebracht werden, von Markus' Vater abzulassen. Er wurde schwer verletzt ins nächste Krankenhaus gefahren und notoperiert.

So dramatisch dieser Vorfall auch ist: Er spiegelt eine dörfliche Welt der Selbstversorger wieder, die sich bei Astrid Lindgren finden könnte und nichts mit der industriellen Praxis von Viehzucht und Schlachtung zu tun hat, die heute Realität ist. Dort gibt es einen derartig engen »Kontakt« zwischen Mensch und Tier, wie am Beispiel der Schlachthöfe gesehen, nur noch selten.

Genau wie der Schweinemarkt ist jener für Rinder ein komplexes Gebilde, das nicht nur mit Viehhaltung, sondern auch mit Weltmarkt, Futterimporten und – am Beispiel des Milchmarktes – mit staatlicher Marktbeeinflussung oder dem Fehlen derselben zu tun hat. Man kommt der Wirklichkeit deshalb näher, wenn man sich von den idyllischen Bildern auf den Käsepackungen und Tetra-Packs für Joghurt und Milch löst.

Blickt man zunächst auf die Rinderzucht, so gibt es – ähnlich wie schon bei den Hühnern – eine grundsätzliche Differenzierung. Unterscheidet man dort zwischen Legehennen und Masthähnchen, unterscheidet man hier zwischen Milchrindern und Fleischrindern. Anders als bei Geflügel und Schweinen spielt die Hybridzüchtung zumindest bei Milchrindern im Vergleich zu den Fleischrindern eine untergeordnete Rolle. Und dieser

Unterschied ist kennzeichnend für das Eigen- und Außenbild der Branche.

In der Milchvieh- und Fleischrindhaltung geht es sehr viel stärker als bei Geflügel und Schweinen um Langlebigkeit, um stabile Herden und bleibende Qualitätsorientierung. Ja, man kann sagen, dass die *Landlust*-Sehnsüchte vieler Kunden zumindest bei der Milchviehhaltung in Deutschland in vielerlei Hinsicht besser bedient werden als bei Schweinen oder Geflügel – angefangen beim starken Regionalbezug der Milchbauern über die Zucht und Haltung bis hin zur untergeordneten Rolle, die private Großbetriebe auf diesem landwirtschaftlichen Feld spielen.

Natürlich sind Schnelligkeit, Kosten und Anpassung an den Markt auch hier elementar. Die übergroße Mehrheit der deutschen Milchbauern ist heute aber nicht in der Hand weniger Großer, sondern genossenschaftlich organisiert. Das ist ein entscheidender Unterschied. Und sie haben einen eigenen Verband, der eine historisch etwas unglücklich gewählte Abkürzung hat – den BDM, den Bund Deutscher Milchviehhalter.

Wenn der »Rucksackbulle« kommt

Die Hybridzüchtung hat sich bei Rindern nicht durchgesetzt, weil der Variantenreichtum bei der Zucht bei diesen Tieren zu groß ist. Es gibt zu viele »Aufspaltungseffekte«, wie Fachleute es nennen. Einfacher: Nachkommen hatten einmal eher Eigenschaften der einen, dann wieder welche der anderen Linie. Was uns bei den eigenen Nachkommen eher verzückt, nämlich die Vielfalt und das Unverhoffte, die Nase vom Opa, aber die Augen der Großtante, das wird im Stall zum Problem. Hier möchte man sogenannte stabile Herden, in denen die Tiere von Gewicht und Statur her in etwa ähnlich sind. Denn nur dann passen sie in die genormten Stallbuchten und die Melkstände. Die Rassezucht ist beim Milchvieh aus diesem Grund wieder auf dem Vormarsch.

Auf diesem Feld werden in Verbindung mit moderner Technik seit Jahren große Mengen an Daten gesammelt und ausgetauscht, etwa über Alter, Verhalten, Gesundheit, Milchleistung und Kalbungshäufigkeit – Landwirtschaft 4.0 im Interesse der Züchtung. So entstehen Zuchtwerte von Linien und Einzeltieren, die dann durch entsprechende Belegungen dabei helfen, die Eigenschaften von Nachkommen zu optimieren und die Launen der Natur auszutricksen.

Dies versucht man nicht allein durch Zucht, sondern auch durch Technik. So sieht sich die Milchviehwirtschaft dem Problem gegenüber, dass die Bauern lieber weibliche als männliche Kälber haben möchten. Bei den Hochleistungsrassen, die heute in den Milchviehbetrieben gehalten werden, sind Bullenkälber wirtschaftlich wertlos. Bullen geben keine Milch, und Milchvieh ist kein Mastvieh. Ein Bullenkalb einer solchen Rasse wird also niemals mit angemessenem Aufwand auf ein passendes Schlachtgewicht gemästet werden können. Darum erprobt man, die Bullenspermien, mit denen Kühe besamt werden, beispielsweise mithilfe von Lasern zu manipulieren, dass nur weibliche Kälber gezeugt werden.[15]

Maßgeblich hierfür ist der Umstand, dass die Zucht fast nirgendwo mehr mithilfe des »Natursprungs« erfolgt, also dadurch, dass der Züchter Kuh und Bulle zusammenführt, um es romantisch auszudrücken. Heute kommt der »Rucksackbulle« zu den Kühen in die Bucht: Nicht Samenspender wie »Achaz« selbst (so hieß der Champion in der DDR, eine Tonne schwer und nachweislich Vater von 60.000 Kälbern), sondern der Tierarzt oder auch der Landwirt besamen die bulligen Kühe mit Sperma, das man im Internet bestellen kann. In landwirtschaftlichen Fachmagazinen kann man sogar Preisausschreiben finden, die den Siegern erstklassige Spermaportionen von Bullen mit besonders leistungsstarken Nachkommen versprechen!

Die Spermien werden dabei vor dem Versand sortiert – auch hierin ist die Landwirtschaft Kind ihrer Zeit. Mithilfe eines Fluoreszenz-Verfahrens kann man Spermien, die ein Y-Chromosom und ein X-Chromosom tragen und zu männlichem Nachwuchs führen, von solchen, die zwei X-Chromosome tragen und darum weiblichen Nachwuchs erzeugen, unterscheiden und voneinander trennen. Das Ergebnis sind Spermaportionen, die fast sicher zu weiblichem Nachwuchs führen.

Dieser kleine Exkurs in die Hightech-Welt der Befruchtung macht deutlich, in welcher Dimension Landwirtschaft heute denkt. Verfügbare Technik kommt zum Einsatz, und das ist meines Erachtens nicht von vorneherein verwerflich: Auch eine Blinddarm-Operation oder eine Zahnwurzelbehandlung läuft heute anders als vor einigen Jahrzehnten. Der Kinderwunsch eines kinderlosen Paares lässt sich ebenso erfüllen, und das nicht, indem man wundertätige Statuen aufsucht.

Ich bin der Überzeugung, dass diese Technologieentwicklung vor allem ein Segen für die Menschen ist, die Bürden der Natur nicht ertragen zu müssen. »Naturschutz« bedeutet für viele Menschen auf der Welt nämlich noch immer, dass sie sich auch *vor der Natur* schützen und nicht nur die Natur *vor dem Menschen*. Der Markt für künstliche Befruchtung bei Vieh ist in jedem Fall milliardenschwer.

Wie die Milch ins Glas kommt

Milch ist eines der Produkte der Landwirtschaft, das gefühlsmäßig am stärksten besetzt ist. Jeder Konsument spürt eine intuitive Verbindung: Kinder werden mit Muttermilch ernährt. Entsprechend sensibel reagieren wir bei Milch auf Qualitäts- und Hygienefragen. Beim Öffnen einer Milchpackung dürften die allerwenigsten Verbraucher sich aber bewusstmachen, dass eine Kuh nur dann Milch gibt, wenn sie zuvor ein Kalb geboren hat. Und dass dieses sofort nach der Geburt von der Mutter getrennt wurde, nachdem es etwa mehr als neun Monate in ihr herangewachsen ist. Das Kalb bekommt dann nur vom Kolostrum, die so bezeichnete Erst- oder Biestmilch des Muttertieres, damit es ein Immunsystem entwickeln kann. Alle andere Milch während der nun folgenden »Stillperiode« oder Laktationsphase wird gemolken und verkauft.

Besonders in den ersten Wochen nach der Geburt bis zum Ende des zweiten Monats ist die Milchleistung der Kühe dabei sehr hoch. Landwirten wird vor diesem Hintergrund oft die Frage gestellt, ob diese Praxis denn ethisch vertretbar sei. Die Gegenfrage aber liegt auf der Hand: Wollen Verbraucher Milch haben, oder wollen sie keine? Für Joghurt, Quark, Sahne oder Proteinshakes, um dem Muskelwachstum nach dem Hanteldrücken oder dem Stepper etwas nachzuhelfen? Oder eben für Babynahrung?

Um die Milchleistung konstant zu halten, wird die Mutterkuh bereits ein Vierteljahr nach der Geburt des Kalbes erneut künstlich besamt. Während sie die Milch für ihr Kalb produziert, ist sie bereits wieder tragend. Neun Monate nach der Besamung wird dann das nächste Kalb geboren – und so fort. Mit geringen Pausen produzieren Kühe auf diese Weise mehrere Jahre hindurch Milch. Hochleistungsrassen schaffen dabei bis zu 15.000 Liter – pro Kuh und Jahr. Die Menge entspricht einem Vielfachen ihres eigenen Körpergewichts.

Landwirte machen solche Leistungen nicht zu Unrecht, wie ich meine, zufrieden bis glücklich. Wer durch klassische Milchviehregionen in Norddeutschland, vor allem aber das Allgäu fährt, kann an den Türen der Ställe die Plaketten mit den jährlichen Literzahlen der Top-Kühe bestaunen. Sie erinnern an die Schilder, die in vielen Dörfern deutschlandweit den Schützenkönig vergangener Jahre ausweisen. Die Bauern hier sind stolz auf ihre Tiere, das spürt man auf Schritt und Tritt.

Und auch der bereits mehrfach in den Zeugenstand gerufene Koalitionsvertrag der gegenwärtigen Regierung, zeigt, dass den Milchbauern Aufmerksamkeit von politischer Seite zuteilwird. Ein eigener kurzer Abschnitt in diesem Dokument ist dem Wohl der Milchviehhalter und der »herausragenden Bedeutung« der Milcherzeugung gewidmet. Die Bundesregierung hat sich vorgenommen, Strategien zu entwickeln, »um auf schwere Krisen auf dem Milchmarkt zukünftig besser vorbereitet zu sein. Insbesondere die Modernisierung der Lieferbeziehungen halten wir hier für einen wichtigen Schritt«, heißt es dort.[16]

Damit ist gemeint, dass der Bauer seine Milch zukünftig nicht nur an die Molkerei oder Genossenschaften wie das Deutsche Milch Kontor abgeben können soll, die den Preisdruck der Handelsketten nach unten weiterreichen, sondern ihm andere Wege zur Vermarktung eröffnet werden sollen.

Milchviehhaltung ist noch aus einem anderen Grund wichtig, gerade in Regionen wie zum Beispiel dem Allgäu: Sie gehört für die Urlauber zum Landschaftsbild. Zwar würde niemand Herden einer Kopfstärke von 700 oder 1.000 Tieren täglich auf die Weide lassen, aber für kleine Herden oder Jungvieh ist der Weidegang hier quasi auch touristisch Pflicht!

Von den mehr als 300.000 Landwirten in Deutschland sind wie mein Freund Markus die Hälfte Nebenerwerbslandwirte, die zusätzlich noch Geld mit Tourismus, Biogasanlagen und mit der Produktion von Solarstrom verdienen oder überhaupt einer weiteren beruflichen Tätigkeit nachgehen. Günther Oettinger, der heute über die Agrarsubventionen wacht, erzählte in seiner Zeit als EU-Energiekommissar den Witz, er sei mit dem Flugzeug über Bayern geflogen und habe wieder viele schöne neue Stalldächer mit Solarpanels darauf gesehen. Darunter hätten aber weder Kühe noch Traktoren gestanden.

Tatsächlich kann ein Nebenerwerbslandwirt mit 30 Kühen sein Auskommen haben, wenn der Hof in Familienbesitz ist und keine großen Investitionen abbezahlt werden müssen. Aber Höfe mit 30 bis 100 Tieren repräsentieren eben längst nicht mehr die Betriebe, in denen heute Milch produziert wird. Es sind 164 Millionen Tonnen Milch, die jährlich in der EU erzeugt werden, eine unvorstellbar große Menge, die 20 Prozent der Weltproduktion ausmacht.

Die Milchproduktion in Deutschland lag im Jahr 2016 bei 33 Millionen Tonnen, was wiederum rund 20 Prozent der europäischen Produktion ist. Und das, obwohl der Milchkuhbestand immer weiter abnimmt und gegenwärtig rund 4 Millionen Tiere umfasst. Und auch die Zahl der Betriebe sinkt: Heute gibt es noch rund 67.000 Erzeuger und 152 milchverarbeitende Betriebe. Vor dem Zweiten Weltkrieg gab es dagegen im damaligen Deutschen Reich noch rund 4.800 Molkereien und Meiereien.[17]

Geben wir uns dabei trotz der starken öffentlichen Wahrnehmung der »Bio-Milch« keiner Illusion hin: Die Produktion von Bio-Kuhmilch beträgt gerade einmal rund 800.000 Tonnen, das entspricht 2,5 Prozent der jährlich erzeugten Milchmenge. Und selbst wenn Erzeugerbetriebe der Bio-Branche andere Zahlen als der hier zu Rate gezogene Branchenverband BDM oder der Bauernverband ins Feld führen mögen: Auch bei einem doppelt so hohen Wert machte Bio-Milch trotzdem nicht mehr als ein Zwanzigstel der Milchmenge aus, die in Deutschland jährlich vermarktet wird! Das ist die nüchterne Realität.

Warum die Milchpreisdebatte nicht zündet

Wenn es um Milchviehhaltung geht, dann darf natürlich ein Blick auf die Debatte nicht fehlen, die die Öffentlichkeit in den zurückliegenden Jahren gleich mehrfach beschäftigt hat: die Debatte um den Milchpreis. Dieser fährt seit Jahren nämlich zwischen 20 und 40 Cent pro Liter Achterbahn. Damit sich Milchviehwirtschaft rechnet, sagen die Milchbauern, bräuchte es einen dauerhaft konstanten Milchpreis von 40 Cent und mehr. »Bauern brauchen faire Preise: 50 Cent«, stand auf vielen Scheunen in der Gegend um Sonthofen, durch die ich während der Skiferien im Februar 2018 gefahren bin.

Im Schnitt sind es dann jedoch nur 35 Cent, die in jüngster Zeit gezahlt wurden, im Jahr 2016 gab es aber auch Preise von 25 Cent, und das über Monate hinweg. Manche Bauern konnten in dieser Zeit die Kosten der Produktion, geschweige denn die Raten-Kredite, wenn sie solche für Investitionen auf dem Hof aufgenommen hatten, nicht mehr erwirtschaften. Manch einer hatte deshalb vielleicht auch bange Gespräche mit seiner Bank zu führen.

Die Ursache für dieses Drama wird bis heute darin gesehen, dass die EU nach über 30 Jahren Milchquote, von der schon im Kapitel zu den Subventionen die Rede war, die Produktionsmengen auch für deutsche Milchbauern im April 2015 freigab. Nun gab es keine Mengenbeschränkungen für einzelne Höfe mehr, sondern jeder konnte so viel Milch produzieren, wie er wollte – allerdings nicht mehr zu festen Abnahmepreisen wie in der alten Europäischen Gemeinschaft der Siebziger- und Achtzigerjahre.

Damit wurde unfreiwillig aber auch ein typischer Marktmechanismus auf dem Milchmarkt wirksam: Ist die angebotene Menge eines Gutes hoch, dann sinkt bei konstanter Nachfrage der Preis. Ist das Angebot dagegen knapp, steigt dieser bei konstanter Nachfrage. Nach den preisschwachen Jahren 2016 und 2017 mit durchschnittlich 26 Cent wurde im Jahr 2018 mit den schon erwähnten 35 Cent wieder ein relativ hoher Milchpreis erzielt, was unter anderem durch eine Verknappung des Angebots erreichte wurde. Milchviehhalter sind heute über das richtige Futtermanagement zudem in der Lage, die Produktion um bis zu fünf Prozent zu drosseln. Steigende Preise aber, animieren die Landwirte in der Regel dazu, wen wundert's, die Produktion wieder hochzufahren. Man kann also förmlich darauf warten, dass die Preise wieder fallen werden, wenn die Nachfrage nicht steigt. Auch das ist Wirtschaft.

In der Landwirtschaft zeigt sich dabei innerhalb dieses Mechanismus ein klassisches Phänomen: Sobald ein Produkt wirtschaftlicher zu werden verspricht, steigt die Produktion. Egal, ob es sich um Fleisch, Eier oder eben Milch handelt.

Wenn die Preise aufgrund der Marktsättigung wieder fallen, führt dies aber in der Regel nicht sofort zum Drosseln des »Outputs«, sondern zunächst im Gegenteil zu einer weiteren Intensivierung des »Inputs«. Weil die Margen pro Einheit des Produkts geringer geworden sind, die Betriebskosten aber konstant bleiben, da landwirtschaftliche Betriebe, wie bereits mehrfach erwähnt, aus Gründen der Natur nicht »flexibel« sein können, werden mehr Einheiten produziert. Man wirtschaftet also auf Teufel komm raus gegen den Marktpreis an – und versucht so, den Teufel mit dem Beelzebub auszutreiben. Die Folge: Die Preise sinken weiter.

Dabei verkauft der Bauer seine Milch an private Molkereien wie die Firma Müller oder an Genossenschaften wie das Deutsche Milch Kontor (DMK), einen Zusammenschluss der ehemaligen Humana und der Nordmilch. Die Diskrepanzen des Marktes zeigen sich auch hier: Die Genossenschaften sollen einerseits den Bauern einen möglichst hohen Literpreis zahlen. Sie müssen sich andererseits als Handelsunternehmen aber den Gesetzen des Lebensmittelmarktes unterwerfen, auf dem der Preiskampf gnadenlos ist. Kunden in Deutschland wollen Lebensmittel billig haben. Für Quark oder meinen Lieblingskäse »Rügener« kann das DMK darum nicht die Preise im Einzelhandel erzielen, die nötig wären, um den Bauern die erwarteten Abnahmepreise zu garantieren.

Ich halte die Milchpreis-Debatte emotional deshalb für nachvollziehbar, unter PR-Gesichtspunkten allerdings für ebenso falsch wie die einseitige »Schuldübernahme« der Landwirte für mögliche Folgen von Glyphosat, um das es gleich gehen wird. Kein Industriekonzern würde seinen Lieferanten in der Kommunikation einfach so aus der Pflicht entlassen und öffentlich alles auf die eigene Kappe nehmen, wenn ein Produkt fehlerhaft ist. Genau das tun die Bauern beim Thema Pflanzenschutz, und nicht nur dort, anstatt auf die Ketten im »Agribusiness« auch hier mal zu sprechen zu kommen. Warum eigentlich?

Kein Großunternehmen würde, zurück zur Milch, seine Kostensituation über die gesetzliche Veröffentlichungspflicht hinaus über Jahre hinweg diskutieren oder gar den Kunden ins Gewissen reden, sondern schlichtweg Konsequenzen ziehen. Es würde verlagern, Produktion umschichten, andere Produkte an den Markt bringen, Lieferverträge neu verhandeln, Mitarbeiter vorrübergehend von der Tätigkeit freistellen, diese ins Fernsehen schicken und so weiter – alles Dinge, die uns hier gedanklich weitaus mehr befremden als bei der Produktion von Stahl.

Schon am kommunikativen Verhalten der landwirtschaftlichen Verbände zeigt sich darum die besondere Selbstwahrnehmung vieler Landwirte, die im Grunde fassungslos auf den Komplex »Öffentlichkeit« und seine Mechanismen reagieren. Und die nicht verstehen können, warum das, was sie tun, einer Erklärung bedürfen soll. Denn es ist eigentlich selbsterklärend, zumal aus der eingangs beschriebenen historischen Tradition heraus. Doch die Zeiten sind andere geworden, ich werde darauf in den nächsten beiden Kapiteln noch zu sprechen kommen, es gibt neben dem Markt für Produkte auch einen Markt für Bilder und Botschaften.

Am Ende hat die permanente Thematisierung des Milchpreises den faden Beigeschmack der Larmoyanz.

Hinzu kommt, was viel wichtiger ist, dass die öffentliche Aufmerksamkeit einseitig von Bildern und Schlagzeilen über den Milchpreis anstatt von anderen, positiven Geschichten aus der Landwirtschaft dominiert wird, die ja eine Fülle von Geschichten zu erzählen hat. Ich bin der Überzeugung, dass wir diese Vielzahl an Geschichten aber erzählen müssen, gerade auch um den Verbrauchern immer wieder vor Augen zu führen, welchen Anteil sie selbst am Erscheinungsbild der modernen Landwirtschaft haben!

Fernsehköche als TV-Stars

Konzentration in der Landwirtschaft, die Effizienzsteigerung durch Arbeitsteilung und Technik in Viehzucht, Fleisch- und Eierproduktion und in der Milchwirtschaft: All das sind nicht allein die Ursachen *für*, sondern auch die Folgen eines radikal veränderten Konsumverhaltens, wenn es um Lebensmittel geht. Wir haben uns an die Überversorgung mit Nahrung gewöhnt, wobei die Lebensmittelpreise, gemessen an früheren Zeiten, gesunken sind, während die Reallöhne immer weiter gestiegen sind.

Die deutschen Verbraucher geben einen zunehmend geringeren Teil ihres Einkommens für Essen und Trinken aus. Während die Bevölkerung früher rund die Hälfte ihres Haushaltseinkommens für Nahrungsmittel berappen musste, und das in den ärmeren, industriell weniger entwickelten Ländern der Welt heute noch so ist, sind es bei uns gegenwärtig rund 14 Prozent, Tendenz fallend. Gleichzeitig fordert sie von denen, die die Lebensmittel erzeugen, aber immer mehr, wenn es um die Implementierung kostenintensiver Umwelt- und Qualitätsstandards geht.

Es klingt eben immer alles ganz einfach. Aber ein Milchviehhalter oder Schweine-Produzent stellt dieselben Kalkulationen an, bevor er zur Bank geht, um einen Kredit für einen Stall zu bauen, wie ein Verbraucher bei einer Privatinvestition, etwa einem Hauskauf. Beispiel Tierwohl: Am Ende ist es eben vor allem eine Frage des Geldes, ob ich in einen Stall, den ich einmal für 500 Tiere kalkuliert habe, plötzlich nur noch 300 Tiere stellen darf, damit für diese mehr Platz da ist. Keine der inneren Haltung, wie häufig unterstellt.

Gleichzeitig zu unseren steigenden Forderungen an Landwirte werden immer mehr Lebensmittel weggeworfen. Der Handel setzt auf volle Regale, egal wieviel hier oder dort abverkauft wird. Was billig ist, so scheint es ganz dem Klischee entsprechend, hat eben keinen Wert. Wenn dazu noch ein streng gesetztes Mindesthaltbarkeitsdatum kommt, das gerne als »Verfallsdatum« verstanden wird ...

Unterdessen hat eine Verschiebung der Wertschätzung weg von Grundnahrungsmitteln hin zu Genussmitteln und Fertigprodukten stattgefunden, die wir uns einiges kosten lassen. Auch deshalb, weil wir Essen und Getränke zunehmend mobil konsumieren – auf dem Weg zur Arbeit, am Bahnhof, im Zug, am Flughafen, an der Tankstelle, nach dem Shopping am Wochenende. An wirtschaftlich extrem teuren Orten. Wir zahlen die Zubereitung und die Lage des »Point of Sale« deshalb mit, wenn ein Kaffee »To go«, der in Pappbecher abgefüllt wird, drei oder sogar vier Euro kostet, soviel wie ein Kilogramm Schweinefleisch!

Anders ist es nicht zu erklären, dass in den Innenstädten, in denen die Ladenmieten immer mehr kosten, eben nicht mehr Bäcker, Gemüsehändler oder Metzger mit Mittagstisch zu finden sind, dafür Coffeeshop-Ketten wie Starbucks, Balzac, Coffee Fellows und andere, die kritisch beäugt werden, da sie kaum Steuern in den Ländern der EU zahlen. Die Kaffeetrinker scheint es nicht zu stören.

»Food« ist heute eben mehr denn je eine Frage des Lifestyles geworden, aber durch das Ausblenden der Landwirtschaft dahinter leider eine bisweilen sehr oberflächliche Angelegenheit. Auch deshalb boomen Kochsendungen im Fernsehen, sind die deutschen Jamie Olivers wie Tim Mälzer, Nelson Müller und viele andere heute Stars, hat Sarah Wiener einen hohen Bekanntheitsgrad erreicht. Ihre Sendungen werden dabei so gut wie nie mit einer größeren Frage »überfrachtet« – jener nämlich, wie es eigentlich um die Landwirtschaft steht, die all die schönen Dinge produziert. Und ob es sich mit der Zahl der Fernsehköche umgekehrt proportional zur Zahl der Landwirte verhalten könnte: Je mehr es von den einen gibt, umso weniger gibt es von den anderen!

Zucker, Palmöl, Fett – oder: Die Pflicht zum selbst Denken

Das aus meiner Sicht Entscheidende an der Entwicklung der Lebensmittelpreise ist darum, dass es weniger als früher um die Honorierung von Arbeitsleistungen der Landwirtschaft oder des Handwerks geht, die in Milch oder einem Steak steckt, sondern stärker um das Image von Nahrung. Und ihren Verkaufsort, den man im weiteren Sinne als den »sozialen Faktor« von Nahrung sehen kann. Und der darum immer mitbezahlt wird.

Man sieht in Drogeriemärkten wie Rossmann oder dm Eltern, die ihren Kinder »Bio«-Obstdrinks im Tetra-

Pack mit Strohhalm in den Kinderwagen reichen. Sie unterliegen dabei vielleicht der irrigen Annahme, dass sie ihnen etwas anderes als gezuckerte Säfte gäben, geschützt durch ein beruhigendes Bio-Siegel. Dieses Siegel beantwortet allerdings etwas vollkommen anderes als die Frage, ob solche Säfte im Vergleich zu ungesüßtem Tee oder stillem Wasser wirklich noch ein Lebensmittel sind – oder eine Süßigkeit. Täten Eltern dies mit einer Packung Zuckerwasser, bekämen sie verständnislose Blicke zugeworfen. Aber so entbinden uns Etikettierungen im Alltag oft von der Pflicht zum *selbst Denken*, wie der Soziologe Harald Welzer sagt.[18]

Um hier keinen Zweifel aufkommen zu lassen: Ich bin ein leidenschaftlicher Gegner von Desinformationen, welche die Ernährungsindustrie auf ihren Verpackungen zu verantworten hat – auch, indem sie sich ausschweigt. Von der Tatsache also, zunehmend Zucker in Müsli, Cornflakes, Brot und so weiter zu verkaufen und es den Kunden nicht oder nur ungenügend zu sagen.

Aber können wir es uns wirklich so leichtmachen, indem wir Werbung pauschal für bare Münze nehmen und nicht ums Eck denken? Lebt Werbung anders als eine technische Betriebsanleitung nicht immer auch von einem Schuss Verheißung, einem Image?

War es wirklich ein Fehler, dass wir den Profis der deutschen Fußballnationalmannschaft früher zusahen, wenn sie aus Werbezwecken in ein Nutella-Brot bissen? Obwohl die Zutaten von Nutella, Zitat Glas: »Zucker, Palmöl, Haselnüsse (13 %), Magermilchpulver (8, 7 %), fettarmer Kakao, Emulgator Lecithine (Soja), Vanillin« sind, was mittlerweile zur Einstellung der Spots durch den DFB geführt hat?

Weiß nicht jeder denkende Fahrgast, dass das Versprechen der Bahn an ihre Kunden, mit »100 Prozent

Ökostrom« zu fahren, am Ende eben nur die halbe Wahrheit ist, wenn man den Grundlaststrom auf Basis von Kohle und Gas für sonnen- und windarme Wintertage einberechnet, an denen die Züge natürlich auch rollen?

Gerade die Zuckerindustrie ist ein leichtes Ziel. Ist sie aber allein dafür verantwortlich, wenn wir einfachste Denkübungen nicht mehr machen und uns nicht daran erinnern, dass wir es sind, die täglich die Entscheidung treffen, ob wir Fruchtsäfte, Energy- und andere Softdrinks, süße Brotaufstriche, zuckerreiche Fertignahrung kaufen – oder wie unsere Vorfahren einfache Grundnahrungsmittel, die wir zubereiten müssen? Von all den Snacks und Zwischenmahlzeiten einmal abgesehen, die wir *überall* konsumieren, weil das Gebot der Gegenwart Mobilität heißt?

Es ist eine gewichtige Frage: Haben wir einen lückenlosen Anspruch darauf zu erfahren, was im Essen steckt, auch ohne mit der Lupe suchen zu müssen? Ich meine: ja! Und ich sehe hier frappierende Versäumnisse der Hersteller.

Müssen wir die Menschen aber *vollständig* vor sich selbst beschützen, indem alle Bastionen der kulinarischen Unvernunft fallen? Oder gibt es einen kleinen Grad an Eigenverantwortung, den wir einfordern können – ja, einfordern müssen, um eben auch bei billigem Schweine- und Hühnerfleisch emanzipierte Verbraucher zu haben, die nicht mit den Achseln zucken und auf die Produzenten zeigen?

Es scheint, dass diese Frage längst entschieden ist, allerdings in eine unsinnige Richtung. So ziert den gelben Plastikbecher meines Lieblingsbrotaufstrichs »Grafschafter Goldsaft« heute ein »Vegan«-Button, was angesichts der Tatsache, dass es sich um Zuckerrübensirup handelt, keine wirklich erschütternde Aussage ist. Wie eh und je 143 hat mein »Grafschafter« zwar einen Rekordzuckeranteil von 66 Gramm auf 100 Gramm Gesamtgewicht, was ich schweren Herzens in Kauf nehme. Aber offenbar ist es dem Hersteller wichtiger, auf der Verpackung noch zu vermerken, dass der Sirup »Von Natur aus gluten- und laktosefrei« ist.

Mich erinnern solche Angriffe auf die gedankliche Souveränität der Verbraucher an ein Erlebnis, das ich als Tourist in den USA hatte. Auf einer PET-Flasche mit Mineralwasser stand folgende Botschaft, die man wohl vorsorglich möglicher Anwaltsklagen aufgedruckt hatte: »Fat Free, Cholestrol Free, Sugar Free.« Vielleicht, so bleibt zu befürchten, meinte man das aber auch ernst.

Das hier zutage tretende Prinzip einseitiger Verantwortung gilt für Produkte nicht anders als für landwirtschaftliche Prozesse, wie ich im Folgenden am beispiellosen öffentlichen Niedergang des Ansehens von Pflanzenschutzmitteln zeigen möchte. Dieses Buch begibt sich damit auf die Zielgerade, bevor es abschließend um Fragen der Kommunikation von Landwirtschaft und Öffentlichkeit gehen soll.

Markus, der alternative Landwirt aus dem Eichsfeld, hat nicht nur Legehennen, Masthähnchen, Gänse und Enten. Er baut auch Erdbeeren und Salat an. Er verzichtet darauf, seine Erdbeerbeete mit chemischen Pflanzenschutzmitteln zu behandeln, was ihm das mitleidige Kopfschütteln anderer Obstbauern einbringt. Markus nutzt also keinen Mineraldünger und verwendet auch keine antimikrobiell wirksamen Mittel wie Kupfer, die im Biolandbau anstelle der Pflanzenschutzmittel zum Einsatz kommen. Kupfer hat, darum findet es in einer Kupferspirale als Verhütungsmittel Anwendung oder wird als Material für die Türklinken in Krankenhäusern verwendet, die Eigenschaft, für Mikroorganismen toxisch zu sein.

Markus hat somit nur eine Chance: Er versucht, durch häufiges manuelles Auflockern und »Durchlüften« des Bodens die Wahrscheinlichkeit zu verringern, dass seine Erdbeeren »von unten her« von Schädlingen wie Würmern, Schnecken und Käfern befallen werden. Das funktioniert leidlich. Im Schnitt, sagt er selbst, habe er nur rund ein Drittel des Ertrages, den konventionell arbeitende Landwirte auf derselben Fläche erzielten.

Markus versucht, mit ziemlich mühsamer und zeitintensiver körperlicher Arbeit zu kompensieren, was er sich selbst vorenthält: den Nutzen der Chemie. Es gibt keine belastbare Formel, mit deren Hilfe sich errechnen lässt, wie viel mechanischen Aufwand eine bestimmte Menge chemischer Unkrautvernichter einspart, aber man kalkuliert mittlerweile, dass 1 Liter Pflanzenschutzmittel auf dem Acker rund 30 Liter Traktoren-Diesel ersetzen, die man Aufwenden müsste, wenn man dieselbe Fläche maschinell hacken wollte. **145**

Ich vermute darum, dass Markus höchstens ein Drittel der Zeit aufwenden müsste, in der er mit krummen Rücken durch die Furchen steigt, verließe er sich nicht allein auf sich und Mutter Natur. So, wie unsere Großeltern und Eltern es taten, wenn sie bereits als Kinder auf allen Vieren Kartoffeln und Rüben hackten.

Makellos und sicher

Es ist Mai, als ich ihn wieder besuche, fünf Monate zuvor war ich zuletzt hier gewesen. Damals war er in den Vorbereitungen für die Schlachtungen von Gänsen zu Weihnachten gewesen. Das Eichsfeld steht jetzt in schönster Blüte, man hört es summen und sieht hier und da einen Schmetterling oder eine Hummel. »Weniger als früher«, sagt Markus. Ich kenne seinen Standpunkt.

Er zeigt auf die Erdbeeren. Sie haben Stellen, sind nicht perfekt – ganz anders als auf den Bildern in der Werbung und in den Magazinen. Glückliche Kinder toben hier barfuß durch Streuobstwiesen, und die Äpfel, die dort liegen, sind ebenso frei von Wurmlöchern, wie die Füße der Kinder frei von Dreck sind.

Mir kommt unmittelbar in den Sinn, wie sich unsere Vorstellungen über »das Schöne« auch im Bereich der Ernährung verändert haben. Fleisch darf nicht marmoriert sein, ein »schönes Stück« ist vielmehr mager. Obst und Gemüse nehmen wir nach ästhetischen Gesichtspunkten wahr. Aus den Bildern, die wir in den Medien und in der Werbung sehen, erwachsen Idealvorstellungen und Normen, nicht nur im Hinblick darauf, welchen Körper wir schön finden, sondern eben auch in der Frage, welche Karotte schön ist.

Dabei geht es bei Obst und Gemüse aber nicht allein

um Schönheit, sondern immer auch um den Aspekt der Sicherheit. In einer risikoaversen Welt voller Mindesthaltbarkeitsdaten ist der genormte Apfel, der aussieht, wie ein Apfel heute aussehen muss, nicht nur ein schönes, sondern auch ein sicheres Stück Obst. Am Ende führt unser Wunsch nach ästhetischer und sicherer Nahrung nicht nur zum Aussortieren alles »Hässlichen«, sondern auch zu züchterischem Druck. So werden dann Äpfel, Weintrauben und Tomaten gezüchtet, die packungskonform geerntet werden können. Genauso, wie Rinder in genormte Stallungen passen sollen.

Nach den Kriterien der Supermarkt-Welt wären Markus' Erdbeeren darum bestenfalls ein Nischenprodukt für Hartgesottene. Der Handel bietet lieber das an, was man uns anerzogen hat, nämlich das Perfekte. Bereits leichte Formabweichungen bei Kartoffeln, Zucchini oder Gurken führen dazu, dass der Großhandel die Hand hebt. Tomaten und Salat müssen eine bestimmte Farbe haben, genau wie Äpfel und Bananen. Alles soll aussehen, als sei es mit Photoshop für Instagram bearbeitet.

Die Selektion in eine gute und eine weniger gute Natur, die ausschließlich nach ästhetischen Gesichtspunkten getroffen wird, vernichtet jedes Jahr rund 30 Prozent der Ernten an Obst und Gemüse. Auch die Initiativen, die B- oder C-Ware oder solche mit abgelaufenem Mindesthaltbarkeitsdatum auf den Tisch bringen, ändern daran bislang nichts.

Schmetterlinge im Kopf

Kommen wir noch einmal zum Image von Nahrung zurück, um das es am Ende des letzten Kapitels ging. In unserem Kühlschrank steht hin und wieder eine Packung »Frische Heumilch« von Bioland. Sie kommt aus der »Gläsernen Molkerei« im brandenburgischen Münchehofe, und ist so etwas wie der Châteauneuf-du-Pape unter den Milchsorten. Ich bilde mir ein, dass ich das auch schmecke. Und mir gefällt der Glaube, dass die Kühe, die diese Milch geben, mit einem Weidegang erfreut werden. Ein Gang, auf dem sie Kuhfladen produzieren, was wiederum gut ist für Böden und Pflanzen, Fliegen und andere Insekten. So, wie es jahrhundertelang war und wie man es auf alten Gemälden sieht: Kühe auf grüner Aue.

In meiner Vorstellung sind sie umringt von Schwärmen von Fliegen, die sie mit energischem Schlage des Schwanzes abwehren. Und selbst wenn der Weidegang auch für Bioland-Kühe nicht so romantisch sein sollte wie in meiner Vorstellung, tröstet mich der Gedanke, dass die Tiere neben Silage, Soja- oder neuerdings Rapsschrot hin und wieder ganz natürliches Grünfutter bekommen.

Die »Frische Heumilch« von Bioland wirbt auf der Verpackung nicht nur mit Werten wie »Transparenz«, »gläsern«, »unverfälscht«, »traditionell«, »natürlich«, »saftig« und mit den »aromatischen Inhaltsstoffen des Futters« (es ist ganz erstaunlich, was man alles auf einer Fläche der Größe einer Streichholzschachtel unterbringen kann, wenn es um das Vertrauen der Konsumenten geht...). Die Verpackung ist auch perfekt bebildert. Sowohl auf den beiden Stirnseiten als auch an der geprägten Seite, wo man die Milch beim Tragen mit den Fingern berühren soll, findet sich ein Zitronenfalter.

Drei gelbe Schmetterlinge vor grünem Grund, dazu etwas Getreide, lose Gräser und lila Klee: Mehr, und das meine ich nicht ironisch, kann man nicht bringen, wenn es darum geht, die Sehnsuchtserwartungen der Konsumenten an die Landwirtschaft mit Bildern zu triggern.

Welch ein Unterschied zu früheren Tagen! Und das nicht nur, weil die grafischen Möglichkeiten damals nicht so vielfältig waren. Kein Marketingexperte hätte es für notwendig gehalten, ein derartiges Feuerwerk zur Bewerbung von Milch aufzufahren. Milch musste vor allem nahrhaft sein, sich angesichts der nur sporadisch vorhandenen Einkaufsmöglichkeiten gut halten und hohe Kalzium-Werte aufweisen, damit Zähne und Knochen von Kindern stark wurden. Das war die Botschaft. Deshalb waren die Packungen oft wie der Inhalt: schlohweiß.

Warum ist das heute anders? Warum zahlt der Lebensmittelhandel viel Geld an Agenturen, damit diese Schmetterlinge auf die Milchpackung zeichnen? Weil die Milch heute eben nicht nur nahrhaft und gesund sein muss, sondern auch im ethischen Sinne »sicher«, sprich: umweltgerecht produziert. Ohne Herbizide, die scheinbar alles, was blüht, »plattmachen«, und als Hauptursache für das Verschwinden mancher Insektenarten gelten. Darunter auch Schmetterlinge.

Unkraut vergeht eben doch: Glyphosat

Der wesentliche Unterschied zwischen ökologisch oder konventionell erzeugten Produkten ergibt sich im Bereich des Ackerbaus im Hinblick auf zwei Fragen: Welches Saatgut wird ausgebracht? Und welche Dünge- und Pflanzenschutzmittel, zu denen Insektizide ebenso zählen wie Herbizide gegen Unkräuter, Fungizide gegen Pilze oder Molluskizide gegen Schnecken, kommen zur Anwendung?

Das Herbizid mit dem aktuell höchsten Bekanntheitsgrad ist Glyphosat. Es bildet die Basis der sogenannten

Breitbandherbizide, die gegen Unkräuter auf dem Feld wirken wie die Breitbandantibiotika in der Humanmedizin gegen Bakterien. Es wird dabei nicht *ein* spezielles Kraut oder *eine* spezielle Pflanzengruppe angegriffen, sondern alle Pflanzen, die nicht über bestimmte Eigenschaften verfügen, die sie als Nutzpflanzen gegen das Herbizid resistent machen.

Für Landwirte sind diese Mittel perfekt, wenn es um die maschinelle Bearbeitung von Äckern und das Ernten geht. Vor der Aussaat im Frühjahr kann der Boden damit von Unkräutern befreit werden. Und bevor geerntet wird, werden die Pflanzen, die man nicht im Mähdrescher oder Vollernter haben möchte, »weggespritzt«. Oder besser: »wurden«, denn die »Sikkation«, so der Fachbegriff, ist vor der Ernte heute nicht mehr gestattet.

Bekannt geworden ist Glyphosat als Basisherbizid der Handelsmarke »Roundup«, das 1974, als Deutschland die Niederlande im WM-Finale von München bezwang, von Monsanto auf den Markt gebracht wurde. Roundup gilt heute als der »Terminator« unter den Herbiziden, was insofern ein wenig nach Doppelmoral riecht, als so gut wie jeder Hausbesitzer in Deutschland Roundup oder verwandte chemische Produkte einsetzt. Und das ungeachtet der fernen Mediendebatten weiterhin tut, damit der Gehweg adrett sauber bleibt. Und sich der Rasen und die Rosen prächtig entwickeln. In nicht wenigen deutschen Kellern stehen neben handelsüblichen Kunstdüngern und Unkrautbekämpfungsmitteln auch solche gegen Werren, also Maulwurfsgrillen, Ameisen-Streu, Schneckenkorn, Wespensprays – das volle Programm Natur-Schutz sozusagen.

Das mit der Kritik an Glyphosat war lange Jahre anders als heute. Möglicherweise, weil man sich noch auf Stoffe wie Lindan, DDT oder E 605, ein Phosphorsäureester, fokussierte, die es richtig in sich hatten. Besondere Effekte auf diverse Insektenarten, wie sie gegenwärtig *einzig* im Zusammenhang mit Glyphosat vermutet werden, waren zumindest nicht im öffentlichen Fokus.

Professor Georg Backhaus, Präsident des Julius-Kühn-Instituts, des Bundesforschungsinstituts für Kulturpflanzen, also *der* deutschen Institution in der Erforschung von Nutzpflanzen und den sie schädigenden Unkräutern, bestätigte mir das im Gespräch für dieses Buch. Backhaus zufolge sind Zweifel an der These, dass es chemische Substanzen allein sind, die etwas mit dem Verschwinden der Insekten zu tun haben, daher durchaus angebracht – und nicht auch weitere Gründe, auf die ich gleich zu sprechen komme. Vor allem die strukturellen Veränderungen der Lebensgrundlagen durch Landwirtschaft, Siedlungen und Verkehrsinfrastrukturen, unter denen bestimmte Insektenarten leiden.

Der Markt für Pflanzenschutz

Mit dem Namen Glyphosat ist der Name Monsanto in der öffentlichen Wahrnehmung auf das Engste verknüpft. Ja, man kann sagen, dass eine unfreiwillige Marketingleistung von Monsanto darin besteht, auf immer und ewig mit dem Namen eines Produktes verbunden zu sein, der längst von anderen gekapert wurde. Denn der Patentschutz ist bereits vor achtzehn Jahren ausgelaufen.

Mittlerweile wird Glyphosat von knapp 100 Herstellern rund um den Globus produziert, wobei die Hälfte der eine Million Tonnen Welt-Jahresproduktion in China hergestellt wird. 2016 wurden allein in Deutschland 3.780 Tonnen Glyphosat zu mehr als 12.000 Tonnen Pflanzschutzmittel verarbeitet. Größter Einzelanwender von Glyphosat ist dabei übrigens die gerade erst im Zusammenhang mit »100 Prozent Ökostrom« erwähnte Deutsche Bahn, die mit dem Herbizid ihre Bahngleise unkrautfrei hält.[1] Vielleicht liest man das mal im Bahn-Magazin *mobil*, nicht nur Interviews mit Schauspielern, Moderatoren, Sportlern und anderen prominenten Reisenden? Nur so als redaktionelle Idee, der Redlichkeit halber. Auch den Bauern gegenüber, welche die Suppe allein auslöffeln müssen. Am besten Seite an Seite mit der Auflösung jener Schimäre, die Bahn benötige keinen Grundlaststrom und fossile Energieträger im Personen- und vor allem im Güterverkehr.

Vertrieben wird Glyphosat unter verschiedenen Produktnamen allerdings nicht über Hersteller wie Bayer oder BASF direkt an die einzelnen Bauern, sondern über eine Zwischenstufe: den Landhandel. BayWa, Agravis oder Raiffeisen sowie viele freie Berater vermitteln den Landwirten entsprechende Mittel. Und sie stehen bei manchen Kritikern gern als diejenigen am Pranger, die den ahnungslosen Landwirten aus Profitgier Chemie verkauften.[2]

Aber zurück zu Monsanto. Diesen »Darth Vader« der Industrie-Galaxis, wie das Wirtschaftsmagazin *Capital* feixte, hat sich Bayer durch die Übernahme nun selbst ins Haus geholt.[3] Bayer-Chef Werner Baumann betont zwar, dass der 1901 gegründete und im US-Bundesstaat Missouri ansässige Agrarkonzern in Deutschland zu Unrecht als »Inkarnation des Bösen« angesehen werde.[4] Wirtschaftlich jedenfalls, so scheint es, ist die Übernahme aber ein Coup erster Güte, wird Bayer mit dann zusammen fast 20 Milliarden Dollar Jahresumsatz doch zum größten Player in diesem Geschäftsfeld. Syngenta und Chem China (zusammen knapp 14 Milliarden) sowie Dow Chemical und Dupont, die sich ebenfalls zusammengeschlossen haben und auf knapp 13 Milliarden Dollar kommen, sind damit auf die Plätze verwiesen.

Das Pikante an diesem Zusammengehen ist aber weniger die Umsatzgröße, die hier entsteht, sondern der strukturelle Einfluss. Monsanto ist ein Saatgutproduzent, Bayer ein Chemiekonzern. Diese Fusion zwischen einem Pflanzenschutzmittel- und einem Saatgutsteller ist beileibe nicht die erste. Aus Sicht der Gegner besteht bei solchen milliardenschweren »Elefanten-Hochzeiten« die grundlegende Gefahr, dass wenige Unternehmen ein horizontales Monopol bilden können, indem sie herbizidresistentes Saatgut und Pflanzenschutz »matchen«. Bestimmtes Saatgut wird nämlich derart gestaltet, dass es nur mit bestimmten Pflanzenschutzmitteln behandelt werden kann.

Wenn man sich vor Augen hält, dass Monsanto einen theoretischen Marktanteil von 30 Prozent des Saatgutmarkts hält und Bayer 25 Prozent des Pflanzenschutzmarktes, dann sollte man eine solche Befürchtung zumindest nicht allzu naiv von der Hand weisen. So haben die EU-Wettbewerbsbehörden zum Schutz vor einem Monopol denn auch verfügt, dass Bayer zumindest die Gemüsesaatgutsparte und einiges mehr unter anderem an die Kollegen vom Limburgerhof, dem Pflanzenschutzzentrum der BASF, verkaufen musste.

Dass wie bei der Unterhaltungselektronik am Beispiel von Apple »Ökosysteme« mit genormten Steckern, App-Stores und Streaming-Diensten errichtet werden, aus denen es »kein Entkommen« gibt, merken Kritiker jedoch oft zu einseitig an, finde ich. Anders als bei einem Smartphone gibt es für Kleinbauern nur begrenzte Wahlmöglichkeiten, das ist wahr, von allen anderen elementaren Unterschieden einmal abgesehen. Etwas nüchterner muss man dennoch konstatieren, dass viele Märkte dominante Spieler haben, uns die Landwirtschaft, mit der wir sonst wenig anfangen wollen, in solchen Fällen aber besonders stark emotionalisiert. Wie ist das eigentlich in anderen Bereichen des Lebens, beim Pay-TV, bei Mobilfunkverträgen, Banken, Versicherungen, Pharmazeutika, Computern mit ihren Betriebssystemen? Scott McNealy, der ehemalige Chef von Sun Microsystems, wurde einmal mit den Worten zitiert, er würde seinen Kindern lieber Drogen geben als DOS.

Aus Sicht der Produzenten von Pflanzenschutz sind solche Bündnisse, wie es sie derzeit in jeder Industrie zur Erschließung von Wertschöpfungsketten gibt, zumindest keine Liebesheiraten. Sie sind dem Zwang zu Synergien geschuldet, um überhaupt noch dabei sein zu können in Zukunft. Wer nicht integriert, bekommt über kurz oder lang Probleme.

Solche Schritte werden also nötig, weil der Pflanzenschutz-Markt in Westeuropa nicht mehr wachsen wird, aufgrund steigender Auflagen sogar sinkt, und es nun darum geht, Märkte in Osteuropa, Amerika oder Asien zu sichern. Und damit auch die Unternehmen samt – dies vergessen wir gern – Tausenden von Mitarbeitern.

Fluch und Segen eines Herbizids

Dass »Glyphosat« in den vergangenen Monaten zu einem derart bekannten Wort in der Öffentlichkeit werden konnte, hängt neben der Fusion von Bayer und Monsanto auch mit einem gesetzlichen Datum im selben

Zeitraum zusammen. Gewissermaßen ein zugeschalteter »Turbo«, was den negativen PR-Effekt anbelangt. Am 15. Dezember 2017 wäre die gesetzliche Zulassung in der EU nämlich abgelaufen, hätte es nach zwei Abstimmungsrunden nicht doch noch eine Mehrheit zur Verlängerung von weiteren fünf Jahren gegeben.

Zunächst war die von der EU-Kommission zur Abstimmung gestellte fünfjährige Genehmigungsverlängerung allerdings ebenso wenig mehrheitsfähig wie der anfängliche Vorschlag von Deutschland einer Dreijahresfrist. Die Bandbreite der Positionen reichte seinerzeit von 15 Jahren unbefristeter Verlängerung bis zum Totalverbot ab 2020. Verbände wie der Deutsche Bauernverband oder der Raiffeisenverband drängten auf eine 15-jährige Neuzulassung des Totalherbizids, womit sie wenig Gehör fanden.

14 EU-Mitgliedstaaten stimmten bei der ersten von zwei Abstimmungen für eine fünfjährige Verlängerung, darunter Dänemark, Schweden und Großbritannien, Länder also, von denen einige in der bundesdeutschen Wahrnehmung in punkto Ökologie durchaus als fortschrittlich gelten, gerade die skandinavischen.

Neun Mitgliedstaaten, darunter Frankreich, Italien und Österreich stimmten gegen eine Zulassung und kamen damit auf 33 Prozent der gewichteten Stimmen. Die fünf Enthaltungsländer Bulgarien, Deutschland, Polen, Portugal und Rumänien mussten aufgrund der Patt-Situation somit das »Zünglein an der Waage« bei der zwei Wochen später folgenden zweiten Abstimmung spielen.[5]

Dies war, grob gesagt, der Rahmen, als es am 27. November 2017 zum agrarpolitischen Showdown kam. Er bewegte die Gemüter in Deutschland derart, als hätte die Bundesregierung in einer Nacht-und-Nebel-Aktion einer 15-jährigen Verlängerung oder Schlimmerem zugestimmt. Dies ging offenkundig bis zu Gewaltandrohungen gegen den zuständigen Minister.

Was war passiert? Am Vorabend der zweiten und entscheidenden Abstimmung wurde ohne Rücksprache mit dem SPD-geführten Bundesumweltministerium von Christian Schmidt (CSU) nach Brüssel die Position übermittelt, Deutschland werde eine fünfjährige Verlängerung mittragen und sich damit dem Votum anderer Länder und des Europäischen Parlaments anschließen.

Was folgte, war ziemlich dicke Luft: Schmidt wurde sogar eine öffentliche Rüge der Regierungschefin zuteil, weil er die Geschäftsordnung der Bundesregierung missachtet hatte – nur eines von vielen Beispielen für das schwierige Koalitionsklima von CDU und CSU seit einiger Zeit, auch jenseits von »Obergrenzen«.

So können deutsche Landwirte das Mittel aller Wahrscheinlichkeit nach noch mindestens fünf weitere Jahre verwenden, allerdings nur noch nach der Ernte. Und in immer geringeren Dosen, das ist zumindest der Plan des Landwirtschaftsministeriums. Tatsächlich kann das auch sehr gut sein: Georg Backhaus vom Julius-Kühn-Institut berichtet, dass nämlich durchaus zu sehen sei, dass Pflanzen gegen Glyphosat – ähnlich wie es Keime gegen Antibiotika tun – Resistenzen ausbildeten. So würden sich der Ackerfuchsschwanz oder der Wildhalm heute sogar von Spezialherbiziden kaum noch beeindrucken lassen.[6]

Das belegen auch Studien des Umweltbundesamts. Glyphosat ist mit einem Anteil von 30 Prozent aller eingesetzten Mittel das mit Abstand am häufigsten verwendete Herbizid in Deutschland. Man kann die beobachteten Effekte bei Pflanzen relativ gut einem oder mehreren

Herbiziden zuordnen. Man weiß mit anderen Worten also sehr genau, welches Herbizid welche Resistenzen hervorruft.[7]

Christian Schmidt, mittlerweile in den Hintergrund getretener ehemaliger Landwirtschaftsminister, der – Ironie der Geschichte – in den Aufsichtsrat der Deutschen Bahn einziehen wird, hat die Koalition deshalb sicher belastet.[8] Aber er hat mit seiner Zustimmung zur Verlängerung von Glyphosat gar nicht so wahnsinnig viel für die Bauern herausgeholt, wie seine Gegner behaupten. Zumindest dann, wenn man etwas tiefer schürft. Die *Süddeutsche Zeitung* schrieb damals in einem Kommentar mit der Überschrift »Die Neuzulassung von Glyphosat ist richtig« völlig zutreffend, dass es mehr als 250 zugelassene Wirkstoffe im Pflanzenschutz gebe, die durchweg schlechter untersucht und potenziell gefährlicher seien als Glyphosat.[9] Wäre Glyphosat entgegen der wissenschaftlichen Expertise verboten worden, hätten diese anderen Substanzen das gewaltige Loch stopfen müssen. Und die Frage ist: Mit welchen Folgen?

Unser Verhältnis zur Chemie

Die Wucht der Glyphosat-Debatte in Deutschland lässt sich besser verstehen, wenn man sie nicht isoliert betrachtet, sondern auch hier kurz in die Geschichte blickt und sie in einen Diskurs über die Akzeptanz von Technik im 20. Jahrhundert einordnet. In diesem Diskurs gehört zuvorderst die Angst vor Giften als Begleitern der modernen Industriegesellschaft. Und das Gefühl, dass die Chemie etwas Feindliches, weil Künstliches und Unnatürliches sei – und nicht etwas, das Pflanzen und Menschen erheblich nutzen könnte.[10]

Das war im 19. Jahrhundert, das als »Jahrhundert der Chemie« und der Naturwissenschaften insgesamt gilt, und auch am Beginn des 20. Jahrhunderts noch ganz anders. Die Chemie war der Heilsbringer schlechthin und veränderte durch ihre industrielle Nutzung die Welt und das Zukunftsempfinden der Menschen – erinnert sei an das Plakat meines Großvaters von »Feldkontrollen und chemischer Bekämpfung«, von dem ich im ersten Kapitel erzählt habe.

Durchbrüche bei der Systematisierung und Synthese von Stoffen versprachen Fortschritte in Industrie, Medizin und nicht zuletzt Landwirtschaft. Namen wie Justus von Liebig, Carl Bosch, Walter Nernst, Fritz Haber, Robert Wilhelm Bunsen, Emil Fischer, Svante Arrhenius und – für die Landwirtschaft besonders interessant – Louis Pasteur wurden verehrt.

Nobelpreise in den Naturwissenschaften waren im ersten Drittel des 20. Jahrhunderts anders als heute noch eine sichere Sache für Deutschland und andere europäische Länder, ja, man kann dieses Zeitalter mit einigem Recht als das Zeitalter der Naturwissenschaften und Fortschrittsbegeisterung im »alten Europa« bezeichnen, das zu großen Entdeckungen auf dem Gebiet der Biologie, Physik und Humanmedizin in Städten wie Berlin, Göttingen oder Leipzig führte.

In dieser Zeit der industriellen Verwertung von Forschungserkenntnissen entstanden folgerichtig auch Bayer (1863), Höchst (1863), die Badische Anilin- und Sodafabrik, besser bekannt unter dem Namen BASF (1865), Merck (1868), die Deutsche Gold- und Silberscheideanstalt oder knapper Degussa (1873), Henkel (1876), Linde (1879), Boehringer Ingelheim (1885) und viele andere Firmen. Später kamen wissenschaftlich-technische Gesellschaften wie die in Frankfurt ansässige DECHEMA hinzu. Deutschland überholte im 19. Jahrhundert das bis dahin führende England und gilt seither als Chemieland Nummer Eins in der Welt. Es konnte diesen Ruf bislang verteidigen, was nicht zuletzt die Übernahme von Monsanto belegt.

Doch das Pendel, so meine Überzeugung, schlug in Deutschland immer schon besonders weit aus, was Technikbegeisterung als Basis des industriellen Wohlstands auf der einen und Technikkritik auf der anderen Seite anbelangte. Massive Zweifel an den Wundern der Chemie gab es deshalb spätestens mit dem Ersten Weltkrieg und der Verwendung chemischer Gase als Waffen – eine Skepsis, die nach dem Zweiten Weltkrieg im Zusammenhang chemischer Vernichtungsmittel noch größer wurde. Selbst wenn etwa die Entdeckung des Penicillins durch den schottischen Bakteriologen Alexander Flemming als einer der Meilensteine im Hinblick auf den pharmakologischen Nutzen der Chemie gilt.

Deutschland ging hierbei jedoch keinen Sonderweg, wie oft behauptet. Der Historiker Joachim Radkau hat in seiner umfangreichen Weltgeschichte der Ökologie gezeigt, wie die großen Themen der Debatte in den späten 1950er Jahren in den USA ihren Ausgang nahmen und dann in Skandinavien oder Deutschland aufgenommen wurden.[11] Die Kontroverse um die Rolle der synthetischen Chemie bei der Produktion von Kampfmitteln und Begriffe wie Anthrax, Napalm oder Agent Orange, das Entlaubungsmittel, das die US-Armee im Vietnam-Krieg einsetzte, sind Stichworte einer Debatte, die von Amerika ausgehend und von den Studentenprotesten getrieben auch in Europa Fuß fasste – und nicht umgekehrt.

Zu den historischen Eckpunkten des kritischen Diskurses über die Chemie gehören weiterhin Ereignisse **159** wie die sogenannte Sandoz-Katastrophe im Jahr 1986, die zu einem Massenfischsterben im Rhein führte, oder die Katastrophen, die sich mit Namen wie Bophal in Indien und Seveso in Italien verbinden. Städtenamen wie Bitterfeld und Wolfen gehören hierher – und natürlich Schlagworte wie Asbest und Dioxin sowie der »saure«, weil schwefelhaltige Regen, den der 2015 verstorbene Forstwissenschaftler Bernhard Ulrich zu Beginn der 1980er Jahre fälschlicherweise für das Waldsterben verantwortlich machte.

Schließlich kann man auch die Atomunfälle von Tschernobyl und Fukushima hinzurechnen. Zwar gehören diese in den Bereich der Physik, aber die Weise, wie sie von der Öffentlichkeit wahrgenommen werden, unterscheidet sie sich nicht von der, in der die Unfälle in der chemischen Industrie erlebt werden. Solche Katastrophen begründen eine tiefe Angst vor einer diffusen, unkontrollierbaren Gefahr.

Es ist eine Angst, die auch literarisch immer wieder Niederschlag findet, so in dem schon 1962 erschienenen Werk von Rachel Carson »Der stumme Frühling«, das als eines der zentralen Bücher der globalen Umweltbewegung gilt. Vielleicht hat dieses Werk Maja Lunde zu ihrer »Geschichte der Bienen« inspiriert, das 2017 auf den Wellen ritt, die die Debatte um das »Bienensterben« schlug. Carson entwirft in ihrem Buch das Bild einer Kleinstadt, in der Pflanzenschutzmittel erst zum Tod von Pflanzen und Tieren führen und schließlich zu Erkrankungen bei den Bewohnern. Angeregt zu diesem Plot wurde die Biologin Carson durch den Einsatz des Insektengifts DDT, das in jenen Tagen – durchaus nicht zu Unrecht – als sehr gefährlich galt. Wie tief die damaligen Argumentationslinien noch heute greifen, wird deutlich, wenn man sieht, das aktuelle Sachbuchtitel leichterhand eine Linie zwischen dem Insektizid DDT und Herbiziden der Gegenwart ziehen.[12]

Kurzum: Es sieht im Blick auf die öffentliche Wahrnehmung heute nicht gut aus für die Chemie. Oder präziser: Eine totale Ambivalenz zwischen Nutzen- und Risikoabwägung ist kennzeichnend für unsere Wahrnehmung, ebenso die ungleiche psychologische Behandlung von Haus-, Garten-, Küchen- und Badezimmer-Chemie einerseits und der professionellen landwirtschaftlichen Chemie andererseits. Turboclean, Abflussfrei, Corega Tabs: ja. Aber Herbizide aus der Spritze?

Der bekannte Risiko- und Technikakzeptanzforscher Ortwin Renn, Direktor des Potsdamer Nachhaltigkeitsinstituts IASS, bringt die polare Wahrnehmung zwischen »guter« Natürlichkeit und »böser« Chemie folgendermaßen auf den Punkt:

»Täglich überflutet uns die Werbung für gesunde Nahrungs- oder Arzneimittel, die angeblich rein natürlichen Ursprungs sind. Mit dieser Assoziation zur Natürlichkeit wird suggeriert, dass die Natur als Hort von Wohlbefinden und Harmonie uns nur mit harmlosen und gesundheitsverträglichen Stoffen versorgt. Dagegen sind die synthetisch hergestellten Stoffe aus den Giftküchen der chemischen Industrie, vor allem die Konservierungsmittel, Pestizide, Herbizide und Zusatzstoffe in Lebensmitteln und Konsumgütern, reines Teufelswerk.«[13]

Paradoxe Wahrnehmung von Risiken

Das eben zitierte Waldsterben ist, wie wir wissen, nie zu einem flächendeckenden Phänomen in Deutschland geworden. Im Gegenteil geht es dem Wald besser denn je – sogar so gut, dass er als virtueller Zufluchtsort gerade eine Renaissance erlebt. Und im Nachhinein zu argumentieren, die Angst vor dem Waldsterben sei zwar unbegründet, am Ende jedoch richtig gewesen, weil es ein gesellschaftliches Bewusstsein geschaffen habe, halte ich für fatal. Der Romantiker Schlegel schrieb einmal, der Historiker werde schnell zu einem rückwärtsgekehrten Propheten. Dieses »Verfahren« kann aber nicht die Antwort einer Wissensgesellschaft sein!

Ich glaube: Die Angst vor dem Waldsterben um 1981 konnte auch deshalb entstehen, weil es eine Angst vor den Gefahren der Technik und der Zukunft im Ganzen gab. Genau wie die Entdeckung der Relativitätstheorie oder die Heisenbergsche Unschärferelation deshalb wie ein Meteorit in die von Verfallserscheinungen geprägte Weimarer Republik einschlagen konnten, weil die Physik gewissermaßen den »Beleg« für die Erosion nach dem Kaiserreich mit Massenarbeitslosigkeit, Wirtschaftskrise, der Auflösung der alten Ordnung zu liefern schien. Indem sie das sicher Geglaubte nämlich erstmals als »relativ« und »unscharf« bezeichnete.

Es ist kein Zufall, dass die Zeit zwischen 1980 und 1983, in der die Grünen erstmals in den Deutschen Bundestag einzogen, massiv von Umweltthemen und der atomaren Wiederbewaffnung überlagert ist. Wenn man Gesellschaft und Technikgeschichte so versteht: Was sagt das über die Debatte über Pflanzenschutzmittel heute aus? Gibt es Aussagen über die Natur oder die Gefahren der Technik, die man von den übrigen Erwartungen an die Zukunft isolieren könnte?

Der gerade zitierte Risiko-Forscher Ortwin Renn erinnert dabei an ein wichtiges Phänomen, das eben schon anklang und auch für die Chemie von großer Bedeutung ist, das »Risikoparadox«. Dabei geht es ihm nicht allein darum zu zeigen, dass wir uns in der Regel vor dem Falschen fürchten, der Chemie, dem Reaktorunfall, dem Flugzeugabsturz – und das nicht minder Gefährliche, etwa den Individualverkehr, eine falsche Lebensführung, den übersteigerten sportlichen Elan Untrainierter auf Skipisten oder dem Rennrad, aber komplett unterschätzen.

Renn stellt vielmehr heraus: Ob wir uns vor etwas fürchten oder nicht, hängt entscheidend davon ab, inwieweit wir meinen, potentielle Risiken selbst steuern zu können, oder das Gefühl haben, ihnen ausgesetzt zu sein. Ob wir die Unkrautvernichter also selbst ausbringen, dem verstopften Abfluss selbst zu Leibe rücken – oder ob es andere mit System tun. Die Wissenschaft spricht hier vom »Nahhorizont«. Was sich für uns in diesem Nahhorizont befindet, erscheint uns weniger gefährlich als das, was nach unserem Empfinden außerhalb davon liegt.

In diesen Kontext gehört dann auch die Unterscheidung zwischen »kleinen« und damit beherrschbaren Technologien wie Solar und Windkraft und »großen« wie Gentechnik oder Großkraftwerken. Erstere gehören noch in den Nahhorizont, letztere erscheinen als abstrakte, unbeherrschbare Phänomene, denen der Einzelne hilflos ausgesetzt ist.

Auch der Präsident des Bundesinstituts für Risikobewertung, Andreas Hensel, wenn man so will: Deutschlands oberster Risikoschützer, sieht hierin einen wesentlichen Grund für die negative Haltung weiter Teile der Gesellschaft zu einer abstrakt und damit gefährlich erscheinenden Chemie. Dem Nachrichtenmagazin SPIEGEL sagte er 2016 im Zusammenhang mit Glyphosat:

»Es fällt schon auf, dass viele Deutsche Chemie für tendenziell böse und gefährlich halten. Ich vermute, aus Angst

vor Kontrollverlust, nach dem Motto: Da passiert etwas
in mir, das ich nicht steuern kann. Und es gibt gerade in
Deutschland viele Nichtregierungsorganisationen, die die
Angst vor Chemie gezielt steuern.«[14]

Der Reflex beim Dualismus »natürlich versus künstlich« ist, so glaube ich, in Wahrheit also gar nicht allein einer zwischen Natur und Technik, denn ein Solarpaneel ist genauso wenig natürlich wie ein Brennstab im Abklingbecken. Sondern es ist ein Dualismus zwischen dem Erfassbaren und dem nicht Erfassbaren, dem Kalkulierbaren und dem nicht Kalkulierbaren, einer Technik, die man selbst beherrscht und besitzt, und jener Technik, die »konzernhaft« daherkommt, der man sich ausgesetzt fühlt – die alte Auseinandersetzung von David gegen Goliath.

Ackerbau ohne Chemie?

Gibt es in der Landwirtschaft allerdings *echte* Alternativen zur Chemie? Wer auf Herbizide wie Glyphosat verzichten will, muss den Landwirten solche Alternativen zur pfluglosen Bodenbearbeitung aufzeigen. Dass stärker wechselnde Fruchtfolgen und eine insgesamt größere Vielfalt an Feldfrüchten den Böden guttäte – wer mag dies ernsthaft bestreiten? Doch würden Landwirte, die theoretisch nur noch hackten und nicht mehr spritzten, tatsächlich rentabel arbeiten? Oder überstiegen die Kosten für den Maschineneinsatz oder ihre eigene Arbeit bald die Erlöse, die sie für ihre Produkte auf einem globalen und an billigen Lebensmitteln interessierten Markt erzielen könnten (wie man an aktuellen Diskussionen um die Spargelernte sehen kann, bei der die Arbeitskräfte knapp werden)?

Und was ist mit Düngung? Können wir ohne Chemie die Mengen an Nahrungsmitteln produzieren, die

die Menschheit in den nächsten Jahrzehnten benötigen wird? In den 1950er Jahren lag die Anbaufläche weltweit bei rund 1,4 Milliarden Hektar Land. Im Jahr 2050 wird die Fläche ähnlich groß sein, obwohl sich die Weltbevölkerung von seinerzeit 2 Milliarden mehr als vervierfacht haben wird. Wie will man die Menschheit ohne Chemie und Technik satt bekommen, wenn pro Kopf nur noch 0,2 Hektar landwirtschaftliche Fläche zur Verfügung stehen?

Das sind gewichtige Fragen, auch wenn man wie ich nicht zu denen gehört, die jeden technologischen Schritt damit rechtfertigen, dass wir in Deutschland an »die Welternährung« denken müssten, was zu kurz greift. Diese ist ein komplexes Gebilde aus wissenschaftlich-technischen, aber auch volkswirtschaftlichen, politischen und sozialen Rahmenbedingungen.

Man kann es daher drehen und wenden, wie man möchte: Wer komplett auf Dünger und Pflanzenschutz verzichten will, muss den Landwirten Alternativen zur pfluglosen Bodenbearbeitung aufzeigen. Die Frage ist allerdings, ob sich diese ökonomisch abbilden lassen. Viele Obst-, Wein-, Gemüse- und Ackerbauern bezweifeln das vehement.

Die Erkenntnis, dass zu viel Chemie zu Resistenzen und damit langfristig ebenfalls zu Ernteausfällen führen kann, ist jedenfalls keine Frage der Religion, finde ich als Laie, auch nach Gesprächen mit Experten wie Georg Backhaus. Aber der Umstieg auf andere Anbausysteme, die ohne chemische Unterstützung auskommen, ist zumindest heute noch kompliziert. Niemand will mehr Kartoffeln und Gemüse mit den Händen hacken, das leuchtet ein. Und mechanische Alternativen zu Pflanzenschutzmitteln wie rotierende Werkzeuge, welche etwa beim Obstbau die Baumschale bearbeiten, verwenden heute die wenigsten Bauern. Sie sind nicht nur deutlich teurer, sondern ungünstiger mit Blick auf die Ressourcen-Bilanz beim Treibstoff. Das mag die Bundeslandwirtschaftsministerin anders sehen, wenn sie von mechanischer Technik als Königsweg schwärmt.

Und das ist nur die eine Seite: Klimaforscher beobachten, dass neben steigenden Temperaturen sowohl Starkregenfälle als auch Stürme und mit ihnen Bodenerosionen zugenommen haben. Wer Herbizide darum komplett vom Acker verdrängen möchte, muss sich im Klaren darüber sein, dass Erosionen auf großen Flächen durch eine dauerhafte mechanische Bodenbearbeitung zunehmen werden. Ein Beispiel dafür, was passieren kann, sind die Bodenabtragungen in den amerikanischen Great Plains in den 1930ern, die zu regelrechten »Dust Bowls« führten.

Grüne Gentechnik

Um auf weniger Fläche mehr zu produzieren, bleibt in jedem Fall das Thema Züchtung zentral. Damit sind wir wiederum bei einem Thema, dass seit Jahren ähnlich wie die Frage nach Pflanzenschutz und Düngung für einigen Aufruhr sorgt im Verhältnis zwischen Verbrauchern und Konsumenten von Lebensmitteln.

Man braucht hierzu gar nicht die Welt der Politik und NGOs betreten: Wenn ich in den EDEKA in meinem Kiez gehe, finde ich genügend Beweise aus der Werbewelt, die man, wie gesagt, nie ganz für voll nehmen sollte. Die Milchmarke »Landliebe« beispielsweise schafft es auf einem Ein-Liter-Tetra-Pack H-Milch sage und schreibe sechsmal darauf hinzuweisen, dass man keine Nahrung an Kühe verfüttere, die gentechnisch verändert sei: »Ohne Gentechnik«.[15]

Wir leben wie jede andere Generation zuvor mit unsicherem Wissen, für das es oft keine Evidenz, sondern nur Wahrscheinlichkeiten gibt. So verhält es sich auch mit der Grünen Gentechnik, mit der technisch vorgenommenen genetischen Veränderung von Pflanzen also. Was viele Menschen heute vehement ablehnen, obwohl auch die »normale« Zucht genetische Veränderungen der Gene anstrebt, beschäftigt jene Wissenschaftler, die sich der globalen Ernährungssituation widmen oder dem Fehlen von Vitaminen oder Eisen in den Grundnahrungsmitteln, sehr intensiv. Es geht ihnen, wie in der Einleitung dieses Buches bereits angedeutet, darum, Pflanzen robuster gegen Schädlinge zu machen oder gegen Trockenheit und Hitze. Oder eben so zu gestalten, dass der Einsatz von Herbiziden und Pestiziden auf den Feldern zurückgefahren werden kann, ohne dass sich Angebot und Preise in den Discountern ändern.

Die ehemalige Direktorin des Tübinger Max-Planck-Instituts für Entwicklungsbiologie und bisher einzige weibliche deutsche Medizin-Nobelpreisträgerin, Christiane Nüsslein-Vollhardt, betont hierbei: Wer Chemie in Form von Pflanzenschutzmitteln auf dem Acker vermeiden wolle, ohne dabei auf die gewohnt hohen Erträge zu verzichten, komme an der genetischen Veränderung etwa der Schädlings- und Trockenheitsresistenz von Nahrungspflanzen nicht vorbei. Gerade in dieser Technik sieht Nüsslein-Vollhardt eine Möglichkeit des Naturschutzes. Auf einer Veranstaltung in der Berliner Akademie der Künste zu Ehren des *ZEIT*-Wissenschaftschefs Andreas Sentker sagte sie einmal:

»Ich bin der Überzeugung, dass die Einsparung von Pflanzenschutzmitteln – Herbiziden wie Pestiziden –,

*die beim Anbau von gentechnisch modifizierten Pflanzen
ermöglicht wird, sich positiv auf den Artenreichtum, die
Vogelwelt, die Schönheit unserer Landschaften, auswirken
würde.«*[16]

Nüsslein-Vollhardt trägt hier eine in ihrer Verkettung
der Argumente nicht ganz neue These vor. Schon als in
den 1980er Jahren der Deutsche Bundestag die Enquete-
Kommission »Chancen und Risiken der Gentechnologie«
einsetzte, präsentierte sich die Gentechnologie als wir-
kungsvollste Alternative zur Chemie. Allerdings wurde
sie öffentlich immer im selben Fahrwasser verortet. Die
Folge war, wie es der Historiker Joachim Radkau ausdrückte, dass die Gentechnik nach der Chemie »die ge-
gebene Zielscheibe der Umweltbewegung« wurde.

Ganz am Beginn einer neuen wissenschaftlichen Op-
tion baute sich so massiver Widerstand auf, der es gar
nicht mehr zuließ, die Chancen und Möglichkeiten dieser
Technologie wenigstens zu sehen. Wer kennt heute in
Deutschland schon den »Golden Rice«, eine Reissorte, die
gentechnisch mit dem Ziel verändert wurde, in Gegenden der Welt mit einer Mangelernährung an Vitamin A
Abhilfe zu schaffen und Menschen vor dem Erblinden
zu bewahren?

Es ist darum bemerkenswert, dass die Grünen in ihrem im April 2018 verabschiedeten neuen Grundsatz-
programm nicht mehr kategorisch gegen die Gentechnik
argumentieren, sondern deren Chancen für die Lösung
der globalen Ernährungsfrage einräumen. Zumindest
dann, wenn die Anwendung einherginge mit einer stär-
keren Kontrolle von Unternehmen. Dieser Schwenk mag
vielleicht auch der Entwicklung geschuldet sein, dass das
Reizwort »Gentechnik« für die Generation der unter
Dreißigjährigen keines mehr ist. Es heißt dort:

»Forschung und Wissenschaft entschlüsseln in immer grö-
ßerem Tempo die Geheimnisse unserer Welt. Biotechnologie,
Nanotechnologie oder Gentechnik können Krankheiten aus-
rotten oder heilen, sie können Leben verlängern – theoretisch
sogar den Tod überflüssig machen. Sie machen Prozesse und
Erfindungen möglich, die uns vor schwierige ethische Fragen
stellen.
   So sprechen wir Grünen uns gegen Genveränderungen bei
Lebensmitteln aus, sollten aber noch einmal hinterfragen, ob
bestimmte neue Technologien nicht helfen könnten, die Versorgung mit Nahrungsmitteln auch dort zu garantieren, wo
der Klimawandel für immer weniger Regen oder für versalze-
nen Boden sorgt. Das hieße jedoch, die in marktschädlichen
Oligopolen organisierten Konzerne so zu regulieren, dass sie
in neuer Form am Ende der Allgemeinheit, also zum Beispiel
auch den Kleinbauern des Südens dienen.«[17]

Die Natur, die wir zu kennen meinen

Mein Vater, der als Kind noch Kartoffelkäfer von den
Pflanzen sammelte, wurde im Glauben an den technischen Fortschritt groß. Trotzdem hat er sich einen ganz
elementaren Zugang zur Natur bewahrt. Er macht nicht
nur Aufzeichnungen über Temperatur und Regen, sondern hortet auch Vogelnester, Abwurfstangen, Gewölle,
Skelette und Schädel. Mit ihnen schmückt er unsere Datsche am See, was dem Haus das Ambiente einer Jäger-
hütte, aber auch eines Archivs verleiht.
   Mein Vater liest keine Tageszeitungen, er weiß nicht,
worüber Umweltpolitiker gerade streiten. Aber er sagt,
dass Feldlerchen, Gimpel, Grünlinge, vor allem aber
Grasmücken in unserem Garten seltener geworden
sind. Ich gehöre zu denen, die an diese Stelle nun sofort

den Zeigefinger heben und sagen: Und das soll wie der »Windschutzscheiben-Test« ein wissenschaftlicher Beleg für den Wandel auf dem Land sein? Für das Verschwinden der Insekten?

In der Akademie namens acatech, für die ich früher arbeitete, gab es hochdekorierte Wissenschaftler, manche von ihnen Träger des Leibniz-Preises, des höchsten deutschen Forschungspreises, und sie befassten sich mit Wissenschaftstheorien und dem, was man »unsicheres Wissen« nennt. Die Politik muss häufig auf der Grundlage unsicheren Wissens entscheiden, sei es hinsichtlich der Frage, wie auf Klimaphänomene reagiert werden soll, oder bei der Frage des Artenschwundes.

Das ganze Phänomen des Insektenschwundes, wenn es dieses gibt, ist voll von solchem unsicheren Wissen. Gibt es tatsächlich einen flächendeckenden Zusammenhang zwischen Biodiversität und dem Einsatz von Pflanzenschutzmitteln? Warum sind dann die Mittelgebirge, in denen die Landwirtschaft, vor allem die Tierhaltung, in vielen Regionen auf dem Rückzug ist, kein Insektenparadies? Hat dies vielleicht eher damit zu tun, dass es weniger Kuhställe gibt?

Von meinem Vater höre ich, dass die Singvögel und Schmetterlinge wegen der sich wandelnden Lebensräume gen Süden weiterzögen, zum Beispiel in Richtung des Müritz-Nationalparks. Er kann dies nicht belegen, verweist aber auf ein sehr ausgeklügeltes mechanisches System von Rüsseln und Blütenbechern der Pollenpflanzen, weshalb Schmetterlinge die Blüten nicht einfach »wechseln« könnten. Es sei wie bei Sicherheitsschlössern. Darum verschwänden Insekten, wenn an bestimmten Standorten ihre Nahrungspflanzen knapp würden, tauchten aber durchaus an anderer Stelle wieder auf.

Mein Vater erzählt mir auch von der sprunghaft gestiegenen Zahl von Waschbären, die er beim Ausnehmen von Nestern beobachtet habe. Sind die Grasmücken vielleicht weniger geworden, weil ihr Nest ins Beuteschema der possierlichen Invasoren gehört? Ich weiß es nicht. Aber mir scheint, dass wir die Dynamik von Populationen mit unserer oft zugespitzten Perspektive auf die Welt unterschätzen, zumal bei solchen Tieren und Insekten, die keinen fest umrissenen Lebensort besitzen. Manche Tiere verschwinden aus bestimmten Regionen und erobern dafür andere.

In unserem Garten mitten in Berlin leben heute Füchse, man weiß, dass man auf den Balkon gehen muss um sie zu sehen, wenn die Elstern ihr Rasseln anfangen und Polizei spielen, wie dies Eichelhäher im Wald tun. Mag sein, dass Bienen auf dem Land heute weniger Nektar finden als früher, was ich nicht auf die leichte Schulter nehmen will. Dafür gilt die Stadt mittlerweile unter Imkern als »Hot spot« für Mega-Honig-Ernten. Auch Berlin.

Die Windschutzscheibe im Blick

Als ich im Juni 2018, kurz vor Fertigstellung des Manuskriptes für dieses Buch, nach Mecklenburg fahre, mache ich eine kuriose Erfahrung: Meine Windschutzscheibe ist bereits nach einer Stunde so verschmiert mit weißen, roten und gelben Tupfern, dass ich an einer Tankstelle halten muss, um sie zu reinigen. Es bietet sich bei allen anderen Autos dasselbe Bild. Ich empfinde Genugtuung, und die Beobachtung weckt Hoffnung. Am Nachmittag sehe ich nicht nur mehrere, sondern auch unterschiedliche Schmetterlinge: Kohlweißlinge, Zitronenfalter, Distelfalter, ein Pfauenauge.

Ist dies eine Ausnahme von der Regel, ein Zufallsbefund, den ich nur nicht als solchen erkenne oder erkennen will? Mein Dilemma ist, dass die »erlesene« und meine Erfahrungswelt voneinander abweichen. Und, dass auch Erinnerungen trügen. Oder dass wir heute über 55 Millionen Windschutzscheiben reden und nicht über einen Bruchteil davon in der ehemaligen DDR oder rund 35 Millionen zur Wiedervereinigung, von all den LKW, die Deutschland durchqueren, ganz zu schweigen.[18]

Ich erzähle meinen Kindern, dass es heute weniger Frösche und Flusskrebse gebe, während mein Kumpel Gunnar und ich früher fortlaufend welche mit der Hand gefangen und in kochendes Wasser geworfen hätten, um sie zu trocknen und zu präparieren. Doch hat sich gemessen an den 1970er und 1980er Jahren die Boden- und Gewässerqualität in unserer Region objektiv erhöht, den Umweltschutzauflagen sei es gedankt. In meinem alten Kinderzimmerschrank bewahre ich die Miesmuscheln, Tonscherben, Taschenmesser, Federkielposen und sonstige Schätze jener Jahre auf. Tatsächlich, ich habe nachgesehen, ist nur ein einziger Flusskrebs darunter...

Unsere Wahrnehmungen sind widersprüchlich. Das ist keine Entschuldigung dafür, alles so hinnehmen zu müssen, wie es ist. Und doch sehen wir die Phänomene in der Natur aufgrund eines intensiveren, engmaschigeren Monitorings zwar immer besser. Aber verstehen wir sie auch? Oder bringt uns die Erwartung nach lückenloser Klarheit in die Gefahr, falsche oder zumindest verfrühte Schlüsse zu ziehen, damit endlich Ruhe ist? Mir scheint: Wir haben oftmals keine befriedigenden Antworten und greifen daher lieber nach Behelfskonstruktionen wie einem Zweigradziel, um einen Fixstern zu haben. Irgendetwas Konkretes.

Dabei geht es längst nicht mehr um Insekten oder das Klima. Die Unsicherheit ist hier nicht anders als im politischen Bereich ein zunehmender Begleiter vieler Diskussionen. Oder, wie es der SPIEGEL im Juni 2018 in einem Beitrag über die sprunghafte Zunahme von Kinderarztbesuchen hysterischer Eltern selbst bei lapidaren Infekten schrieb: Das Gefühl, dass wir unseren eigenen Urteilen und Erfahrungen vertrauen können, hat abgenommen.[19]

Nur ein Beispiel. Der Biologe Volker Moosbrugger, Direktor des Senckenberg-Museums in Frankfurt, also eine Koryphäe, äußert sich 2018 zu den Ursachen des Insektensterbens entsprechend vage, kann aber eindeutig eine Verantwortung der Landwirtschaft ausmachen:

»Es gibt keine Feldränder mehr, die Bauern pflügen bis an den Rand. Sie bauen große Monokulturen an und lassen kaum noch eine natürliche Vielfalt an Pflanzen zu, die als Nahrung für die Insekten und andere Tiere wichtig sind. Außerdem bringen sie zu viele Schadstoffe wie Insektizide und Glyphosat auf die Felder und übernutzen die Böden, statt sie nachhaltig zu bewirtschaften. Die Landwirtschaft ernährt uns, aber sie zerstört auch die Lebensgrundlage vieler Tiere und Pflanzen, gerade auch von Insekten.«

Aber er fügt an derselben Stelle noch vorsorglich hinzu: *»Auch durch den Klimawandel verschwinden viele Arten, vor allem die kälteliebenden.«*[20]

Zu behaupten, dass Veränderungsprozesse in der Natur nichts mit unserer Weise, Landwirtschaft zu betreiben, zu tun haben, wäre einseitig und falsch. Hier bin ich bei den Mahnern!

Genauso einseitig ist es aber, unser Unwohlsein angesichts vieler offener Fragen über Veränderungsprozesse in der Natur dadurch beseitigen zu wollen, dass wir nur auf Pflanzenschutzmittel und Landwirtschaft fokussieren. Abgesehen davon, dass Klimaveränderungen vielleicht auch als ganz natürliche zyklische Wandlungen, wie sie die Evolution nun einmal kennt, hier eine Rolle spielen. Den *einen* Schuldigen auf dem Land zu suchen, bringt die Städter in die komfortable Position der Ankläger, obwohl gerade ihre Bedürfnisse es sind, wie wir sahen, die manche Dynamiken auf dem Land erst freisetzen.

Es ist darum richtig, wenn die Vereinten Nationen einen Weltbienentag ausrufen, um auf die Bedeutung der Bestäuber hinzuweisen. Und es ist richtig, wenn die Bundeskanzlerin die Aussprache im Deutschen Bundestag nutzt, um den Zustand der Bienen als »pars pro toto« für die Artenvielfalt insgesamt zu bezeichnen.[21]

Aber verengen wir eine wichtige Debatte um Natur und Zivilisation möglicherweise einseitig zulasten der Landwirtschaft, wenn die Bundesumweltministerin im Zusammenhang mit dem Insektenschwund pointiert: »Glyphosat tötet alles, was grün ist.«?[22] Handeln wir, wenn wir so argumentieren, achtsam und ganzheitlich, um zwei gängige Schlagworte der Gegenwart heranzuziehen?

Ich möchte versuchen, den Blick in dieser Debatte noch etwas zu weiten.

Mögliche Ursachen des Insektenschwunds: Eine (laienhafte) Deutung

Dass sich auch durch die Landwirtschaft etwas im »natürlichen Gleichgewicht« verändert hat, daran haben die meisten Landwirte, mit denen ich während der Recherchen für dieses Buch gesprochen habe, keinen Zweifel. Und auch Helmut Schramm, Deutschland-Chef von

Bayer CropScience, räumt in einem Interview mit der *ZEIT* im Frühjahr 2018 ein:

»*Grundsätzlich gilt: Wo Weizen oder Mais angebaut wird, kann nicht zugleich eine blühende Wiese Insekten Nahrung spenden. Der Anbau landwirtschaftlicher Produkte und vor allem eine Ausweitung der Nutzflächen geht also immer zulasten der Biodiversität. Das gilt seit jeher und hat nichts mit der Diskussion um Glyphosat zu tun.*«[23]

Der Anbau von Energiepflanzen genau wie der Einsatz von Herbiziden verändert Lebensräume. Aber rechtfertigt es diese Wahrheit, die Argumentation nur darauf zu begrenzen, die bestehende Form der Landwirtschaft zum Verursacher aller Veränderungen im Raum der Biodiveristät zu erklären?

Ich bin mir sicher: Der Strukturwandel in der Landwirtschaft – Hochleistungssorten auf geometrischen Feldern statt Ackerrändern mit Wildblumen, Hecken, Knicks – hat sich sehr wahrscheinlich auf die Insekten ausgewirkt, so wie auf viele Tiere. Aber eben auch der Rückzug der Viehhaltung aus weniger begünstigten Regionen wie dem Westerwald, dem Taunus und dem Vogelsberg. Und das möglicherweise viel stärker als die Pflanzenschutzmittel, wenn man an den viel intensiveren Einsatz von Feldchemie in früheren Jahrzehnten denkt.

Es ist gut, wenn chemische Substanzen verschwinden, denen eine eindeutig schädigende Wirkung auf andere Organismen nachgewiesen werden kann. Aber wird ein schnelles Verbot, wie es Anfang 2018 für einige der sogenannten Neonicotinoide erlassen wurde, tatsächlich der Komplexität des Zusammenhangs von moderner Lebenswelt und den Lebensräumen für Insekten gerecht?

Wenn man dieser Tage mit Mitarbeitern von botanischen Gärten spricht, hört man etwas Erstaunliches, nämlich, dass sie keine Veränderungen hinsichtlich der Insektenmenge und -vielfalt wahrnähmen. Würde man hier also Flugfallen aufbauen, um die es gleich gehen wird, käme man zu einem anderen Ergebnis als beispielsweise an Feldrändern. Mein Vater führt solche Beobachtungen auf die Dynamik von Populationen zurück.

Kann es also sein, so eine unwissenschaftliche Hypothese, dass wir statt von einem »Insektensterben« in vielen Fällen von einem *Ausweichen* in andere Habitate sprechen müssen? Dass wir wie bei Greifen, Füchsen und anderen Tieren in der Großstadt eine veränderte Verteilung der Biodiversität beobachten könnten, wenn wir in diese Richtung suchten? Als Angler beobachte ich ein solches Phänomen bei meinen Lieblingsfischen, den Salmoniden wie Forellen oder Saiblingen: Seitdem Kormorane unter Schutz stehen, finde ich Forellen in stadtnahen Flüssen nicht mehr im Freiwasser, sondern fast immer unter Bauwerken wie Brücken. Sie haben gelernt, dass sie hier vor den Räubern einigermaßen sicher sind.

Und wie ist es mit den Fledermauspopulationen in Deutschland, deren Hauptnahrungsquelle Insekten sind? Gehen die zurück? Und wenn ja, warum? Weil die Nachtfalter weniger werden – oder weil sie in immer energieeffizienter versiegelten Bauwerken mit glatten Beton- und Stahloberflächen im Vergleich zu alten, grobporigen Gemäuern keinen Unterschlupf mehr finden?

Ich meine, wir sollten mehr über solche Querverbindungen wissen, bevor wir einseitig nur die Anwender von Herbiziden an den Pranger stellen und damit möglicherweise den Wirtschaftsbereich in die Knie zwingen, der uns alle ernährt. Zwei Beobachtungen möchte ich deshalb noch anschließen, die deutlich machen, in welchen

Bereichen man auch suchen könnte.

Beobachtung eins: Versiegelte Flächen und internationale Verkehre

Deutschland investiert infolge der nun seit Jahren andauernden Nullzinspolitik im Euroraum auf Teufel komm raus in Immobilien. Aus Acker wird Bauland, und dieses wird eben bebaut. Hinzu kommt eine brummende Konjunktur, die zu einer entsprechend hohen Investitionsbereitschaft bei Unternehmen führt. In vielen Kommunen werden darum händeringend Gewerbeflächen gesucht. Glücklich die Flächenstaaten in Deutschland, in denen manche grüne Wiese in den letzten Jahren zum »Gewerbepark« geworden ist!

Damit die Angestellten vom Baugebiet in den Gewerbepark kommen, und damit dieser mit Material versorgt und die dort entstehenden Produkte vermarktet werden können, braucht es Straßen. Hinzu kommen Telekommunikationsinfrastrukturen, Kanalisation und all die Dinge, die aus den Städten ausgelagert werden, weil die Flächen dort zu teuer geworden sind. Und selbst auf Dörfern ist die Versiegelung von Flächen vorangeschritten. Zwischen den Ställen und den Schuppen auf den Höfen findet sich heute Beton und kein Kopfsteinpflaster, kein Schotter, kein Stroh.

Das Umweltbundesamt rechnet vor, dass der Flächenverbrauch für Wohnsiedlungen und Verkehr seit den 1990er Jahren um fast ein Viertel zugenommen hat. Wenn wir konservativ zugrunde legen, dass seit dem Basisjahr 1997 im Durchschnitt deutschlandweit täglich 70 Hektar (also 700.000 Quadratmeter oder 0,7 Quadratkilometer) versiegelt wurden, kommt man auf eine vergleichsweise überschaubare Zahl, nämlich auf nur rund 5.100 Quadratkilometer bei einer Gesamtfläche Deutschlands von 357.000 Quadratkilometern. Der Umweltatlas des Landes Berlin aus dem Jahr 2017 betont aber:

»Die vollständige Versiegelung des Bodens bewirkt in der Folge den gänzlichen Verlust von Flora und Fauna. Aber auch die Versiegelung von Teilbereichen verursacht immer einen Lebensraumverlust. Biotope werden zerschnitten oder isoliert; empfindliche Arten werden zugunsten einiger anpassungsfähiger Arten verdrängt.«[24]

Hinzu kommt: Dort wo Flächen versiegelt werden, nimmt die landwirtschaftlich nutzbare Fläche ab, mit der Konsequenz, dass die vorhandenen umso intensiver genutzt werden – buchstäblich bis zum letzten Quadratzentimeter. Kein Landwirt kann es sich heute leisten, Streifen unbewirtschaftet zu lassen. Wenn er vom Gesetzgeber dafür nicht eine Kompensation für sogenannte Umweltdienstleistungen erhält. Doch das ist nur bei 5 Prozent der sogenannten Greening-Flächen der Fall.

Möglicherweise spielt auch die sprunghaft gestiegene Logistik rund um den Globus eine Rolle, wenn es um Veränderungen in der Insektenfauna geht. Schon die Varroamilbe, die den Imkern und ihren Honigbienen zu schaffen macht, kam mit der Transsibirischen Eisenbahn über den Ural nach Europa. Heute haben die Imker Angst, dass der Kleine Beutenkäfer, ein Bienenschädling aus Afrika, es über die Alpen schaffen könnte, denn in der Nähe der Hafenstädte in Italien hat man ihn schon entdeckt. Und auch mit der Asiatischen Hornisse könnten Bienenvölker in Deutschland demnächst Bekanntschaft machen. In Südfrankreich ist die Art schon etabliert, und es wird erwartet, dass sie über kurz oder lang im Rheingraben in Erscheinung treten wird. Französische Imker berichten, dass Kolonien dieser Hornisse, die viel größer sind als die der europäischen, Bienenvölker systematisch angreifen und zugrunde richten können.

Bienen und Honig haben direkt oder indirekt eine

Menge mit der Globalisierung zu tun. Deutschland ist der größte Honig-Importeur der EU. Den rund 260.000 Tonnen, die deutsche Imker im Jahr 2017 produzierten, standen Einfuhren in dreifacher Höhe, nämlich 878.000 Tonnen gegenüber.[25]

Beobachtung zwei: Der Einfluss von künstlichem Licht

Seit einiger Zeit wird über den sogenannten »Lichtsmog« in den Städten berichtet – also über den Umstand, dass Tausende von Straßenlaternen, Leuchtreklamen, Scheinwerfer deutschland-, europa- und weltweit die Nacht vielerorts zum Tag machen. In diesem Zusammenhang wird neuerdings über die Auswirkungen der Lichtverschmutzung auf Insekten gesprochen – auch von Vertretern der »Agroindustrie«, also jener Firmen, die Glyphosat produzieren. Ist das berechtigt oder ein reines Ablenkungsmanöver?

Dass Motten und andere nachtaktive Insekten das Licht umschwirren, wie es im berühmten Schlager von Marlene Dietrich heißt, ist bekannt. Doch die Schattenseiten des Lichts sind mehr als ein Wortspiel: Der weltweite Trend zur künstlichen Beleuchtung, die das Dunkel der Nacht geradezu zu bekämpfen scheint, hat Folgen für Wirbeltiere und sogenannte Wirbellose. 60 Prozent aller Insekten, sagt man, sind nachtaktiv. Die Zeitschrift *Spektrum der Wissenschaft* zählt Insekten daher zu »den bekanntesten Lichtopfern überhaupt«.[26]

Die Gründe dafür sind rein physiologischer Natur – und es klingt, als spräche man über die neueste Generation von Xenon-Scheinwerfern an einem Luxusfahrzeug. So verfügen nachtaktive Insekten über besonders leistungsfähige Schwachlicht-Sensoren, die im Schummerlicht Orientierung verschaffen, aber eben auch sensibel auf das Licht der Straßenlaternen reagieren.

Man kennt das von einem Abend auf der Terrasse: Die Insekten werden geblendet und flattern in Richtung der Lichtquelle – wobei kurzwelliges Licht im blauen und ultravioletten Bereich, wie es gerade bei Straßenlaternen eingesetzt wird, besonders effektiv als »Insektenmagnet« funktioniert, was zum Vorteil für viele Spinnen- und Fledermausarten ist. »Viele [Insekten] flattern so lange um das Licht herum, bis sie vor Erschöpfung sterben«, zitiert das Magazin an genannter Stelle einen Experten vom Leibniz-Institut für Gewässerökologie und Binnenfischerei.

Der Mensch greift durch das Medium »Licht« somit mehr oder minder spürbar in die Ökosysteme ein. Und es lohnt sich, darüber nachzudenken, ob es wie bei der Flächenversiegelung und der globalen Logistik eine zumindest geteilte Verantwortung zwischen unseren Lebensgewohnheiten und dem Einsatz industrieller Pflanzenschutzmittel für das Fehlen von Insekten geben könnte, die lichtarme Lebensräume wie das Land verlassen, sobald Lichtquellen in der Nähe auftauchen.

In großer Ausführlichkeit hat der *Tagesspiegel* Anfang 2018 darüber berichtet, wie unzählige Laternen das Ökosystem der Insekten durcheinanderwirbelten, und das Kunstlicht, das sich heute gesteuert von Bewegungsmeldern auf Balkonen und Hinterhöfen einschaltet, sobald sich etwas rührt, zu einer Insektenfalle werde. So hätten Studien gezeigt, dass rund ein Drittel der gezählten Insekten an Lichtquellen stürben – und zwar nicht durch »Verbrennen«, sondern durch Erschöpfung infolge des permanenten Umkreisens der Lampen. Die am Boden liegenden Falter seien dann eine leichte Beute für natürliche Feinde, die sich an den gemachten Tisch setzen könnten.

Das Frappierende an der hier zitierten Zweijahresstudie des Leibniz-Instituts für Gewässerökologie und Binnenfischerei ist dabei, dass sich die Wirkung im zweiten Jahr gegenüber dem ersten noch deutlich verstärke. »Viele Menschen denken spontan, die Lockwirkung des Lichts macht nichts«, zitiert der Artikel einen der Leibniz-Forscher. »Aber bei Abertausenden Straßenlampen alleine in Deutschland, die über viele Jahrzehnte Nacht für Nacht leuchten, gibt es einen Einfluss auf das Ökosystem von ähnlichem Ausmaß wie durch Insektizide.«[27]

In diesem Zusammenhang gehört auch die Bestäubungsleistung nachtaktiver Insekten. Sie wird bislang noch weitgehend ausgeklammert aus der öffentlichen Debatte. Dabei zeigten Studien, dass auf nachts erleuchteten Flächen mehr als 60 Prozent weniger Insekten fliegen und die Pflanzen dort auch signifikant weniger Früchte tragen. Der schädliche Lichtpegel künstlicher Lichtquellen reicht hierbei bis zu 200 Metern, wobei »kalte« LED-Lampen im Vergleich zu Natriumlampen deutlich weniger wie ein »Insektenstaubsauger« wirken.

Mir ist bewusst, dass die Hersteller von Herbiziden das Argument der Lichtverschmutzung ins Feld führen, wenn sie sich gegen Schuldzuweisungen zur Wehr setzen. Aber es ist deswegen nicht weniger plausibel. Ich fände es wünschenswert, wenn es zu diesem Phänomen alsbald mehr vergleichende Forschung gibt!

Die Angst, die zur Kampagne wird

Dies sind nur zwei Themenbereiche, die im Zusammenhang mit dem möglichen Rückgang der Insektenfauna stehen könnten. Aber natürlich ist es einfacher, den Landwirten die Verantwortung dafür aufzubürden, dass sie mit intensiver Bewirtschaftung und Agrarchemie dem fliegenden Volk den Garaus machen.

Und es ist einfacher, als die Frage zu stellen, was ein typischer Berliner Samstagvormittagsausflug auf der Schnellstraße B5 zu einem Gewerbegebiet mit Baumarkt und Outlet-Center, anschließendem Besuch eines Fastfood-Restaurants in der Nähe der neuen Tankstelle, zu der ein Reifendienst und eine große Waschstraße gehören, abends vielleicht einer erneuten Fahrt an den Stadtrand zu einem Multiplex-Kino mit Mücken und Motten zu tun haben könnte.

Oder der Umstand, dass im Gartencenter, das man kurz vorm Burger-Essen ebenfalls angesteuert hat, viele billige Hybrid-Pflanzen verkauft werden, die fraglos gute Eigenschaften haben – aber einen entscheidenden Nachteil: Sie werden von Bienen gemieden. Denn die Center-Pflanzen, wie sie millionenfach auf deutschen Balkonen und in Gärten zu finden sind, bieten nicht ausreichend Nahrung für die Tiere, da sie keine Pollen oder Nektare produzieren. Trotzdem werden sie von uns gekauft und gepflanzt. Solche Blumenwiesen werden von Bienenfreunden auch »Nektarwüsten« genannt.

Simplifizieren wir vielleicht zu oft, folgen nicht nur beim Thema Pflanzenschutz scheinbar naheliegenden, beruhigenden Antworten, die mehrheitsfähig erscheinen? Verselbstständigen sich diese anschließend nicht oft zu nicht mehr hinterfragten Meinungen über »die Landwirtschaft«, »die Wirtschaft«, »die Energiewende«, »das Klima«, »die Integration«, »den Populismus«, »die Bildung« und so weiter? Machen wir uns die Mühe, die Dinge unvoreingenommen zu betrachten?

Es scheint in jedem Fall einfacher, als zu fragen, was auch externe Einflüsse wie Witterung und Wetter, die uns anders als die Landwirte nur dann interessieren, wenn es um die Planung des Urlaubs oder des Schulfestes geht, mit der Schwankung in Insektenpopulationen zu tun haben. In der Norddeutschen Tiefebene hat es 2017 beispielweise kaum einen Tag ohne Regen gegeben. Das führte nicht nur zu durchschnittlichen Ernten: Ein solches Wetter ist auch für die Reproduktion von Tieren eher ungünstig. Und nicht nur die Vogelbrut verkühlt in solchen Sommern – auch Insektenlarven schlüpfen nicht.

Ganz anders das Frühjahr 2018. Seit März ist das Wetter fast durchgehend mild. Vielleicht war darum die Windschutzscheibe auf der Fahrt nach Mecklenburg in diesem Jahr anders als 2017 so »verdreckt«. Und es würde mich nicht wundern, wenn in diesem Herbst, kurz nach Erscheinen dieses Buches, die »Wespenplage« ein Thema im Boulevard sein wird. Denn viele Königinnen sind durchgekommen und werden im August starke Völker haben.

Wir stehen, nur darum geht es mir, beim Thema Insektensterben vor einem komplexen Geflecht von Einflussfaktoren, sehen viele Stellen, an denen wir selbst es sind, die in die Natur eingreifen. Die geistigen Kreise, die wir ziehen müssen, sind darum weite. Es ist eine Reise, die gerade erst begonnen hat.

6. DIE ÖFFENTLICHKEIT

»Um eine kritische Menge Glyphosat aufzunehmen, müssten Sie etwa 1000 Liter Bier trinken, und zwar täglich. Ich bezweifle, dass Sie das schaffen«, spottete der oben zitierte Leiter des Bundesinstituts für Risikobewertung (BfR), Andreas Hensel, 2016 im *SPIEGEL*. Hintergrund war unter anderem eine Umweltstudie aus Bayern, die Glyphosat in Bier nachgewiesen hatte und nun nach allen Regeln der Kunst in die Öffentlichkeit gebracht wurde.[1] Und weiter: »Die tödlichen Dosen für Glyphosat und Kochsalz liegen in der gleichen Dimension.«[2]

Damals, vor gerade einmal zwei Jahren, stand das Sterben der Insekten also noch gar nicht im Fokus. Die Öffentlichkeit diskutierte Glyphosat vor allem deshalb kritisch, weil man die Gesundheitsgefahren, etwa Krebs, die von diesem Stoff und von der Agrarchemie überhaupt ausgingen, für unterschätzt hielt. Deshalb, nicht wegen der Fliegen, nahm man sich bayerische und andere Biere zur Brust.

Das ist im Wortsinne merkwürdig, nicht nur wegen der Verschiebung der öffentlichen Aufmerksamkeit: Wir haben neben nationalen Behörden wie dem BfR auch europäische Institutionen wie die Europäische Chemikalienagentur (ECHA) und die Europäische Behörde für Lebensmittelsicherheit (EFSA), die engmaschig überprüfen, ob und in welchen Grenzwerten bestimmte chemische Stoffe die Umwelt, Lebewesen und den Menschen schädigen können. Trotzdem wächst das Misstrauen, nicht nur im konkreten Fall. Arbeiten diese Institutionen nicht sorgfältig genug? Sind sie gar nur der verlängerte Arm der »Agrarlobby« – bezahlt, um die Öffentlichkeit in die Irre zu führen?

Landwirtschaft genau wie Wissenschaft war immer schon öffentlich und kein »Closed Shop«. Die Diskussion um die Landwirtschaft findet heute allerdings in einem Umfeld statt, in dem sich Öffentlichkeit und Debattenkultur radikal verändern. Das Vertrauen in Informationen selbst staatlicher wissenschaftlicher Stellen sinkt, deren Aussagen früher niemand infrage gestellt hätte. Metaphorisch überspitzt in gewisser Weise eine »antiautoritäre« Umerziehung.

Um die Probleme, die daraus entstehen, soll es in diesem vorletzten Kapitel gehen. Wenden wir uns dazu noch einmal dem Insektensterben zu. Ich möchte versuchen, an einem einzelnen journalistischen Fall zu zeigen, wie es zu »Aufreger-Themen« kommen kann, die schlagartig hochkochen und wenig später wieder von der Oberfläche verschwinden.

»Die Live Butterfly Show«

Wenn wir die Zeitung aufschlagen, sollten wir nicht anders als beim Betrachten der Landwirtschaft immer den ökonomischen Rahmen im Hinterkopf haben, in dem so ein »Produkt« Tag für Tag entsteht. Wir leben in einer Medienepoche, in der sich Geschäftsmodelle infolge der Digitalisierung so dramatisch verändern, dass gedruckte Zeitungen bereits hinter Sozialen Netzwerken als Informationsmedien rangieren. Und in der sich Verlage gezwungen sehen, große Anstrengungen im Hinblick auf die digitale Vermarktung von Inhalten zu unternehmen. Amazon-Gründer Jeff Bezos, mittlerweile selbst Besitzer der *Washington Post*, sagte einmal mit kalter Überlegenheit, gedruckte Zeitungen seien im Grunde wie Pferde: Man nutze sie nicht mehr zur Fortbewegung, halte sie sich aber trotzdem gerne, wenn man sie sich leisten könne.[3]

Grob gesagt, werden Tageszeitungen heute nicht mehr nur zunehmend elektronisch statt im Printformat gelesen: 80 Prozent der Leser tun dies auch auf einem Smartphone anstatt auf einem wesentlich größeren Monitor. Das hat beispielsweise Folgen für die Möglichkeit, dort Werbebanner zu schalten. Aber auch für die »Markenbindung« von Online-Angeboten, etwa uns vertraute Namenszüge von Nachrichten-Quellen. Denn der Platz für Schriftzüge ist anders als bei einem stationären Computer verständlicherweise begrenzt.

Die Debatte um das Insektensterben Ende 2017 war, wie Jan Grossarth in der *Frankfurter Allgemeinen* erinnerte, deshalb mehr als ein Geplänkel innerhalb einer eng umgrenzten Community von Landwirtschaftsinteressierten, sondern ein Musterbeispiel für den Wandel der öffentlichen Kommunikation im digitalen Medienzeitalter.[4] Denn sie ereignete sich nicht allein auf dem Höhepunkt einer allgemeinen Sensibilität zum Thema »Fake News« und »postfaktisches Denken« – Worten, die man noch vor wenigen Jahren nicht kannte. Sondern sie erzählt auch etwas über das Selbstverständnis von gedruckten Traditionsmedien, seien es Zeitungen, Zeitschriften, besondere Bücher, die auch für mich persönlich sehr viel mehr sind als die Bezosschen Luxuspferde.

Ein Gespräch über Schmetterlinge kann so schnell zu einer »Live Butterfly Show« werden, um einen aktuellen Buchtitel des Lyrikers Jan Wagner aufzugreifen, der freilich nichts mit Pflanzenschutz zu tun hat. Ein Gespräch, das viel mit Informationsschnelligkeit und -müdigkeit im heutigen Nachrichtengeschäft zu tun hat, mit sicheren und unsicheren Quellen, mit »Posts« und »Likes«.

Aber auch mit blankliegenden Nerven, wenn es um bestimmte Themen geht.

75 Prozent

Worum ging es? Im Mittelpunkt stand zunächst eine Veröffentlichung auf der vergleichsweise unbekannten Internetseite namens *Sciencefiles*, die man bestenfalls als »parawissenschaftlich« bezeichnen kann.[5] *Sciencefiles* ist ein Medium, das ein Forum für die »kritische Wissenschaft« sein will, wobei es nicht um Kritik in dem Sinne geht, wie ich sie aus meiner Zeit bei der Deutschen Akademie der Technikwissenschaften (acatech) und den Schnittstellen zu anderen renommierten Institutionen wie den Akademien des Bundes und der Länder, den Universitäten und außeruniversitären Forschungseinrichtungen wie der Helmholtz-Gemeinschaft, der Leibniz-Gemeinschaft oder der Max-Planck-Gesellschaft kenne. Beim Surfen auf *Sciencefiles* schwingt wie bei der politischen Kritik an den so bezeichneten »Systemmedien« auch der Verdacht mit, dass uns wichtige Informationen in der Presse vorenthalten werden.

Die Veröffentlichung von *Sciencefiles* wiederum – ich erzähle die kurze Geschichte hier chronologisch nach – war eine Replik auf die vortags veröffentlichte Studie eines Krefelder Insektenkundler-Vereins auf *PlosOne*, einem englischsprachigen Online-Portal des Wissenschaftsjournals *Plos*, im Vergleich zu *Sciencefiles* ein ernstzunehmendes wissenschaftliches Journal.

Die Studie der Krefelder Entomologen, die *PlosOne* exklusiv veröffentlichte, war zu einem derart dramatischen Ergebnis gekommen, das auch die *Frankfurter Allgemeine* und andere nicht-fachwissenschaftliche Medien im Herbst 2017, also parallel zur anstehenden Verlängerung von Glyphosat durch die EU, aufhorchen ließ: Die Population von Fluginsekten wie Motten, Bienen, Wespen, Schmetterlingen sei seit der Wiedervereinigung um 75 Prozent zurückgegangen, so die ungeheuerliche Aussage.[6] Als Basis wurden Flugfallen an 63 Standorten in deutschen Schutzgebieten herangezogen und die gefangenen Insekten anschließend als »Biomasse« gewogen – so wie man Gemüse auf dem Markt wiegt.

Dass 80 Prozent der Wildpflanzen abhängig sind von Bestäubern und sich die übergroße Zahl der Vögel von Insekten ernährt, reichte im Grunde aus, um die Studienergebnisse auch seitens der Tagespresse zu verbreiten; denn diese Aussage war folgenschwer, wie auch immer man zu dem Thema stehen mag. Bei der Interpretation der *PlosOne*-Studie ging es allerdings um mehr als einen Fund, zumindest sah es mancher so: einen *wissenschaftlichen Beweis* für die negative Wirkung von Pflanzenschutzmitteln und der modernen Landwirtschaft im Ganzen.

Schweres Geschütz

Dass *Sciencefiles* die genannte *PlosOne*-Studie kommentierte, hätte zu einem anderen Zeitpunkt außerhalb einer kleinen Gemeinde von Experten darum kaum Interesse erweckt. So etwas ist Tagesgeschäft. Aber das Feld war auch durch die anhaltende Glyphosat-Debatte derart vermint, dass sich im Nu ein Medienstreit über die Verbreitung zweifelhafter Meldungen mithilfe Sozialer Netzwerke wie Facebook und Twitter entspann. Die eigentliche Thematik, der bedenkliche Rückgang der Insekten sowie die Stichhaltigkeit der Krefelder Forschungsergebnisse, die sich auf die Auswertung internationaler Statistiker stützten, geriet so schnell in den Hintergrund. Stattdessen flammte ein alter Konflikt auf: Diejenigen Vertreter der Landwirtschaft, die sich durch *Sciencefiles* bestätigt sahen, dass man der Landwirtschaft einmal mehr den schwarzen Peter für den Insektenschwund zuschob, »teilten« und kommentierten den Beitrag. Dass sie dabei ein eher zweifelhaftes Medium unterstützten, war ihnen vielleicht nicht bewusst, vielleicht interessierte es sie auch nicht vorrangig; oder zumindest weniger, als das bei Medienprofis der Fall ist. Dies wurde in arrivierten Medien wiederum als Beweis dafür gewertet, dass die Landwirtschaft kein Interesse an einer objektiven Darstellung des Themas habe und leichterhand Verschwörungstheoretikern aufsäße, und so weiter, und so fort... Dass manche Tageszeitung die Landwirtschaft allein für den Insektenrückgang verantwortlich machte, wirkte da wie ein Brandbeschleuniger in einer ohnehin angespannten Situation.

Vielleicht, so könnte man einwenden, hätte allein die Nachricht, dass die Population der Insekten um 75 Prozent zurückgegangen sei, deshalb ausgereicht, anstatt die kommentierenden Erklärungen mitliefern zu müssen, wie dies heute im Nachrichtengeschäft vielfach zu beobachten ist. Was diese nämlich tatsächlich waren und sind, bleibt in den Worten des *F.A.Z.*-Wissenschaftsjournalisten Joachim Müller-Jung »nach der ersten Langzeitstudie dieser Art unklar«.[7]

Dies berührt für mich als Leser auch die Frage nach der Geografie der Schutzgebiete, sprich: wo man eigentlich gemessen hatte. Und ob man an unserem Mecklenburger See mit seinen fast »humiden« Halbmooren und wilden Brennnesselbüschen, in denen der Kleine Fuchs und andere Schmetterlinge gern ihre Eier ablegen, möglicherweise zu ganz anderen Ergebnissen kommen würde.

Allerdings sind das fromme Wünsche vom Spielfeldrand. Denn die Dynamik, die Schnelligkeit, manchmal auch das Chaos der Nachrichtenproduktion führen bisweilen zu Ketten solcher Art, die rückblickend absehbar aussehen, wenn sie entstehen, allerdings nicht absehbar sind. Mit dem Abstand einiger Monate kann man deshalb sagen, dass von beiden Seiten ziemlich schnell schweres Geschütz aufgefahren wurde. Dass das »Teilen« von Internetbeiträgen oft intuitiven Kriterien folgt, braucht niemanden zu überraschen, das sehe ich gelassen. Wer sich im Netz aufhält, weiß nur zu gut, dass in der Ökonomie der Aufmerksamkeit oft wenige Sekunden genügen, um Artikel zu empfehlen oder nicht. Ich bin da nicht besser.

»Die große Gereiztheit«

In unsicheren Zeiten, wenn der Wind des Wandels weht, sagt ein chinesisches Sprichwort, bauen die einen Mauern, die anderen Windmühlen. Während das Internet in den späten Neunzigern noch euphorisch begrüßt wurde, ist diese Euphorie heute vielfach einer Ernüchterung gewichen. Das hat maßgeblich damit zu tun, dass wir in den Worten des Medienwissenschaftlers Bernhard Pörksen manche Emotion »in neuartiger Direktheit« erleben, »Bestialisches, Banales, Relevantes, Irrelevantes«. Pörksen spricht in Anlehnung an den »Zauberberg« Thomas Manns darum von einer großen medialen »Gereiztheit«.[8]

Gereizt wirkt nach meiner Beobachtung in jedem Fall das schnelle gegenseitige Unterstellen, Unwahrheiten zu verbreiten, welches durch die Vielzahl vorhandener

Informationsquellen im Vergleich zum analogen Zeitalter größer geworden ist. Hiervon berührt wird auch die Frage, wie wir es mit der Objektivität von Fakten halten. Und ob rationale Argumente eigentlich noch das Maß aller Dinge sind, wenn man dahinter mehr und mehr falsche Absichten anderer erwartet.

Dieses Misstrauen gilt, und das ist das Gravierende, in beide Richtungen. Wenn Umweltaktivisten auf der einen Seite Studien wie jene auf *PlosOne* als wissenschaftliche Basis hochhalten, um politische Maßnahmen zu fordern, andere wissenschaftliche Studien zugleich in Abrede stellen, die nicht mit der eigenen Weltsicht kompatibel sind, stimmt etwas nicht.

Wenn die Kritik an der Dominanz bestimmter Meinungen zur Grünen Gentechnik oder zu Pflanzenschutzmitteln nicht mehr durchdringt, halte ich das für ebenso problematisch wie die verschwörungstheoretische Lesart, jeder Beleg für den menschgemachten Klimawandel oder die Umweltfolgen der Industrie dokumentiere einen wissenschaftlichen »Mainstream«, der die Menschen kleinhalten solle. Dass wir dergleichen vermehrt erleben, nicht zuletzt im vergangenen US-Präsidentschaftswahlkampf, zeigt zumindest eine gewisse Renaissance von Fakten-Ignoranz in einem wissenschafts- und »systemkritischen« Sinne.

So gibt es eine denkwürdige Sehnsucht nach Metaphysik, Anti-Wissenschaftlichkeit, ja, einer Art Gegen-Aufklärung, wie es sie in dieser Form lange nicht gab. Es scheint, als hätten »Fakten, Fakten, Fakten« als Grundidee westlicher Gesellschaften an Glanz eingebüßt, da es vor lauter Meinungsvielfalt undurchsichtig geworden ist, welchen Fakten man noch vertrauen kann und möchte.

Besonders gut gefällt mir in diesem Zusammenhang ein Ausspruch des Altphilologen Hermann Diels, der

einen in Deutschland aufkeimenden »antiwissenschaft-
lichen Reflex« beobachtete, welcher die Anhänger der
»orthodoxesten Kirchen« mit den »radikalsten Vertretern des Nihilismus und Anarchismus« vereine.[9] Das war
nicht 2017, sondern 1911. Aber seine Worte klingen
nicht weltfremd, finde ich. Sie passen, wenngleich sie
106 Jahre alt sind, gut ins so bezeichnete postfaktische
Zeitalter!

Das Vieraugenprinzip

Im aktuellen Fall von *PlosOne* verliefen die Gräben ähnlich. Auch wenn eine wichtige Aufgabe des Journalismus
darin besteht, Informationen in einem frühen Stadium
den Weg in die Öffentlichkeit zu bahnen, habe ich daher einen Kritikpunkt: Vielleicht sollten gerade wissenschaftliche Studien dieser Tragweite noch etwas abküh-
len, bevor sie auf ein größeres Publikum treffen.

In der Wissenschaft gibt es nicht ohne Grund ein
strenges Qualitätsmanagement im Rahmen sogenannter Peer Reviews, bei denen Beiträge anonymisiert durch
Dritte auf deren Validität hin überprüft werden. Die Le-
opoldina, die Nationale Akademie der Wissenschaften,
hat unlängst selbst ein Papier zu Herbiziden vorgelegt –
angelehnt an einen bekannten, für die Wissenschaft hinsichtlich der Tonalität sicher nicht unproblematischen
Titel: »Der stumme Frühling«.[10] In jedem Fall stellt dieses
Papier den Review-Prozess aber selbst sicher.

Das mit den Reviews mag ein wenig wie Beruhigungs-
pulver klingen, zumal sich eine Tageszeitung anders als
eine Gelehrten-Akademie nicht erlauben kann, Monate
ins Land gehen zu lassen. Hier geht es den Journalisten ein wenig wie den Bauern, die auf Tuchfühlung zum

Markt produzieren müssen, während sich die Wissenschaftler in aller Ruhe mit Pros und Contras auseinandersetzen können. Schnelligkeit und Publikumsorientierung sind nicht ihr Geschäftsmodell, sondern können dieses im Gegenteil sogar beschädigen.

Auch wenn wir daher im Bereich der Wissenschaft mittlerweile ebenfalls eine starke Tendenz zu Auftragsstudien und dem öffentlichkeitskompatiblen Zuspitzen von Botschaften sehen können, so bleibt das Prüfverfahren durch Dritte eine wichtige Errungenschaft. Eine nicht besonders originelle, aber doch notwendige Überlegung für ähnliche Fälle in Zukunft wäre daher, dass Redaktionen aus dem Netz »gefischte« Nachrichten selbst bei geprüften Portalen noch einmal anderen Wissenschaftlern zur Vorprüfung vorlegen, also eine Art Peer Review im Auftrag einer Zeitungsredaktion statt eines renommierten Journals mit »Impact Factor« wie *Nature* oder *Science* durchzuführen, bevor sie nach draußen gehen.

Gesten statt Praxis

Wie die Landwirtschaft gesehen und beurteilt wird, hängt also auch von den Mechanismen der Mediengesellschaft ab. Wenn die Hälfte aller Menschen schon beim Frühstück auf dem Smartphone Nachrichten konsumiert, dann erscheint die vom Facebook-Kontakt geteilte Mitteilung oftmals eingängiger als der von der Presse verbreitete Bericht.

Würde ein Star mit vielen »Freunden« – sagen wir: Christiano Ronaldo, mit über 74 Millionen Followern bei Twitter und 130 Millionen bei Instagram die Social-Media-Ikone unter den Fußballern – berichten, wie elend er sich als Kind nach einer Masernimpfung gefühlt habe, würde diese Botschaft für viele Menschen im Zweifel eher handlungsleitend sein als drei zeitgleiche wissenschaftliche Gutachten der Deutschen Pädiatrischen Gesellschaft oder der Ständigen Impfkommission am Robert-Koch-Institut (Stiko). Selbst wenn diese übereinstimmend belegten, dass der Nutzen der Masernimpfung die Risiken bei Weitem übertrifft.

Was geschieht hier? Erfährt die Wissenschaft in der Öffentlichkeit keine Wertschätzung mehr? Thomas Petersen, Meinungsforscher beim Allensbach-Institut, sagt dazu etwas Interessantes, nämlich, dass in vielen Debatten der persönlichen Einschätzung entgegen aller Valenz, die wissenschaftliche Studien auch haben mögen, am Ende trotzdem »die bessere Moral zugesprochen« wird.[11] Entscheidend sei nicht, was Studien und Daten schlüssig erscheinen ließen, sondern allein das Gefühl, was der Einzelne für richtig oder falsch halte.

Der Begriff der *Moral*, die man über Fakten stellt, gibt auch der Debatte um Pflanzenschutzmittel noch einmal eine neue, entscheidende Wendung. Denn er geht über die Frage der zuvor diskutierten Schlüssigkeit von Quellen hinaus, ja, er entkräftet das lange Nachdenken darüber, wer von wem zuerst abgeschrieben, falsch zitiert hat und so weiter hat. Goethe beginne dort, wo die Physik ende, hat der Gründer der Waldorfschulen, Rudolf Steiner, einmal gesagt.[12] Besser kann man die gefährliche Überlegenheit von Metaphysik und so behaupteter Moral im »ganzheitlichen« Erkennen der Welt gegenüber einer mathematisch-naturwissenschaftlichen Rationalität nicht ausdrücken.

Solche schönen, aber nicht unproblematischen Gedanken haben eine lange geistesgeschichtliche Tradition in Deutschland, die bis zur Lebensphilosophie Nietzsches zurückreicht. Das Formelhafte, Mathematische, Mechanistische, »Atomisierende«: Dies war in Deutschland im Grunde immer das kalte angelsächsische Denken. Dies war nicht Goethe, sondern Newton.[13]

Die Moral und das »Erkennen«, worauf es *wirklich* ankommt, spielen für manchen auch heute offenbar noch auf einer höheren Ebene der Entscheidungen. Weshalb wir immer öfter auch eine »Moralisierung« des Alltags unter anderem in ökologischen Fragen erleben, aber nicht nur dort. Bereits Allensbach-Gründerin Elisabeth Noelle-Neumann wird im Hinblick auf die »neue Moral« der Satz zugeschrieben, dass das, was als sachlich richtig wahrgenommen wird, moralisch dennoch als falsch eingestuft werden kann. Man könnte auch sagen: Was interessieren mich die Zahlen und Fakten der anderen, wenn ich trotzdem ein ungutes Gefühl habe? Rationalität kann demnach als gut und richtig empfunden werden, aber alternativen Meinungen, die kurzerhand das Gegenteil behaupten, wird dennoch nicht selten die bessere Moral zugeschrieben.

Die Folge ist nun, dass das konkrete Handeln oft nicht die harten Konsequenzen umsetzt, die die Fakten erfordern, sondern sich in der Geste erschöpft, »das Richtige« zu tun. »Offenbar kommt es gar nicht so sehr darauf an, ob jemand moralisch ist oder nicht, ein Gewissen hat oder nicht«, schreibt Moritz Freiherr Knigge, der Nachfahre des berühmten »Benimm-Knigge«, in einem bemerkenswerten Buch über gesellschaftliche Spielregeln:

»Was zählt, ist vielmehr, ob ihm seine moralische Selbstdarstellung überzeugend gelingt. Ob er, mit anderen Worten, moralisch wirkt. Und zwar auf ein Publikum, das ausgesprochen empfindlich ist und schon kleine Verstöße als Zeichen für moralische Verkommenheit wertet.«[14]

Machen Bio-Läden wirklich ernst, was Regionalität, Saisonalität, Verzicht und Sparsamkeit angeht? Natürlich nicht. Dass diese »Simulation« Mechanismus für Fragen der Landwirtschaft und des korrekten Einkaufens par excellence gilt, ließe sich dabei an vielen Beispielen aufzeigen; dies ist zur Genüge beschrieben.[15]

Wir können uns also überlegen, ob wir im Bereich der Landwirtschaft nur die Oberflächen polieren und mit Bio- und Öko-Siegeln um uns werfen, weil wir kritischen Nachfragen und der Pflicht zum Selbstdenken entgehen möchten. Oder ob wir möglichst frei auf die Dinge schauen und – ich wiederhole mich gern – wieder lernen, bestimmten Quellen, aber auch unseren eigenen Erfahrungen und Urteilen etwas mehr zu vertrauen.

Was fehlende Erfahrungen mit öffentlicher Erregung zu tun haben

Nicht allein die veränderten Mechanismen in der Kommunikation machen es der Landwirtschaft heute deshalb in der Öffentlichkeit schwer. Eine der ersten Geschichten dieses Buches erzählte von Kartoffeleinsätzen nach dem Krieg. Davon, dass Landwirtschaft damals noch Teil des öffentlichen Bewusstseins war, weil Höfe und Menschen, die auf ihnen arbeiteten, allgegenwärtig waren. Man könnte auch sagen: weil es Erfahrungen gab.

Heute ist die Situation eine andere, was kein Grund zum Pessimismus ist. Immer weniger Höfe bedeuten aber immer weniger Landwirte, immer weniger Familien von Landwirten, immer weniger Weitergabe von Wissen und Erfahrung, immer weniger Geschichten. Und immer weniger breiter Sachverstand bei Themen, bei denen Emotionen nicht wirklich weiterhelfen.

Das Verschwinden landwirtschaftlicher Zusammenhänge aus dem öffentlichen Bewusstsein hat, so glaube ich, ein Verdrängen vieler Sachverhalte ermöglicht, die früher notwendigerweise im Blickfeld der Menschen waren. Hat aber auch die Anfälligkeit für bestimmte Hypes geschaffen. Denn in der Regel entstehen Ängste nicht aus Erfahrung, sondern durch Projektionen, also gerade aus dem Nichtvorhandensein von Erfahrungen. Vielleicht wird an dieser Stelle auch deutlicher, warum mir das verblassende *Sehen* und *Erleben* von Landwirtschaft in diesem Buch so wichtig ist.

Wenn nur noch abgeschirmte Schlachthöfe wie jener von Tönnies in Rheda-Wiedenbrück Tiere verwerten und nicht mehr der Schlachter zwei Straßen weiter wie Paul Götz in Ehingen, dann *sehen* wir jene, die Tiere für uns töten und zerlegen, im wörtlichen Sinne nicht mehr. Sie sind aus unserem Sichtfeld verschwunden. Die früher so allgegenwärtige Landwirtschaft, die »Urwirtschaft« schlechthin, wird da leicht zur abstrakten Größe.

Die Landwirtschaft selbst scheint mir darum nicht das einzige Problem der modernen Gesellschaft in Bezug auf die Landwirtschaft zu sein, so paradox dieser Satz klingen mag: Dass wir alle das, was die Landwirtschaft tut, nicht mehr wirklich, sondern nur noch im Fokus einer zugespitzten medialen Darbietung erleben, ist vielleicht ebenso gravierend. Uns fehlt der konkrete Zugang zu einer wichtigen lebensweltlichen Realität. Vielleicht der wichtigsten überhaupt, wenn es um Wirtschaft und Natur geht.

Genau dieses Defizit macht es am Ende so schwer, dem Verbraucher die ungeheure Leistung zu vermitteln, die hinter den landwirtschaftlichen Produkten steht. Wen interessiert schon, dass der Ertrag aus einer Produktionsfläche von einem Hektar Größe beim Weizen vor einhundert Jahren bei 18 Dezitonnen lag, heute aber viermal so hoch ist? Man mag das mit einer Handbewegung abtun, genau wie den Umstand, dass sich daraus 9.000 Weizenbrote backen lassen.

Die meisten Prozesse von Ackerbau und Viehzucht erscheinen heute so fremd und bedrohlich wie der haushohe Traktor, der einem auf der Landstraße entgegenkommt. Mit den Bildern der *Landlust* im Kopf und der medialen Dauerempörung im Ohr gibt es kein Korrektiv mehr, das das Urteil des Verbrauchers zugunsten der Landwirtschaft beeinflussen könnte. Wer kennt noch einen Milchbauern und weiß, dass nicht wenige von ihnen, auch wenn in der Herde 200 Tiere stehen, jede Kuh mit Namen nennen könnte?

Aber vielleicht will man das alles auch gar nicht so genau wissen. Vielleicht ist es ganz bequem, sich die Fakten gerade nicht anzueignen und im Gefühl zu verharren, dass die anderen die Schuldigen sind. Denn die Landwirtschaft zu kennen würde eben auch bedeuten, sich der eigenen Rolle als Verbraucher zu stellen. Es würde bedeuten, wahrhaben zu wollen, dass die Landwirtschaft so ist, wie sie ist, weil wir Verbraucher so sind, wie wir sind.

Lobbyismus im Namen der Bauern

Ein Buch über Landwirtschaft und Öffentlichkeit kann am Ende nicht umhin, noch einige Worte über den Politikbereich zu verlieren. Denn es haftet der Landwirtschaft der Vorwurf an, besonders erfolgreich in eigener Sache zu agieren, was ich angesichts der Vielzahl regulatorischer Mehrbelastungen von Glyphosat bis zur Gülleverordnung in extrem kurzer Zeit bezweifle. Der bereits zitierte Bismarck sah zwischen beiden Sphären, der Produktion von Lebensmitteln und jener der Politik, zumindest eine Parallele, indem er meinte: Je weniger die Leute wüssten, wie Würste und Gesetze gemacht werden, desto besser würden sie schlafen. Man wünschte sich ähnliche Spitzen heute!

Wer in Berlin vom Reichstag über die Friedrichstraße zum Gendarmenmarkt spaziert, wird die Türschilder unzähliger Hauptstadtbüros von großen und kleinen Firmen finden, von Nichtregierungsorganisationen, Umweltgruppen, Bürgerinitiativen und Privatpersonen, die dort Büros unterhalten, oft mit mehreren Visitenkarten, um nahe am politischen Geschehen im »Raumschiff Berlin« die Interessen ihrer Organisation oder Auftraggeber zu wahren. Auch der Deutsche Bauernverband hat hier eine Adresse in der Claire-Waldoff-Straße. Er ist der Großlobbyist der Bauern in Berlin. Aber: Was heißt das eigentlich?

Das Vorurteil sagt, Lobbyisten seien Menschen, die früher in Hinterzimmern mit schweren Teppichen Zigarren rauchten und es möglich machten, dass Gruppen ohne jede parlamentarische Legitimation an den Gesetzen dieses Landes mitschrieben. Das gibt es heute hüben wie drüben, wenn auch ohne den Zigarrenqualm, sprich: bei Interessensvertretern der einen wie der anderen Seite.

Dazu zählen auch privat finanzierte Thinktanks wie die von der Mercator-Stiftung unterstützte Agora Energiewende, in ihren Gründungstagen geleitet von Rainer Baake, ehemals Bundesgeschäftsführer der Deutschen Umwelthilfe, unter Jürgen Trittin dann Staatssekretär im Umweltministerium, unter Sigmar Gabriel später in der Bundesregierung für die Energiewende zuständig.

Man müsste an dieser Stelle die Frage deshalb breit und in alle Richtungen stellen, wer eigentlich mandatiert ist, die gesetzgeberischen Geschicke des Landes direkt oder indirekt mitzuprägen und wie die Agora zu einem »Key Player« in der Debatte um die Energiepolitik Deutschlands zu werden. Denn Gesetze werden nicht nur durch Gespräche und Briefe, Parlamentarische Frühstücke oder ebensolche Abende beeinflusst, sondern im modernen Medienzeitalter »über Bande« auch durch Online-Petitionen, Social-Media-Kampagnen, Werbeanzeigen, Pressearbeit, Großdemonstrationen.

Und tatsächlich ist im Zusammenhang mit drohenden Diesel-Fahrverboten in deutschen Innenstädten in der Presse immer wieder kritisch bemerkt worden, dass ein Kleinstverein wie die Deutsche Umwelthilfe, die weder über besondere wissenschaftliche Qualifikationen noch über eine parlamentarische Legitimation verfüge, eine – so Georg Meck in der *Frankfurter Allgemeinen Sonntagszeitung* vom 18. Februar 2018 – »Selbstherrlichkeit« an den Tag lege, die »grandios« sei.

Das ist aber nur die halbe Miete. Die andere Hälfte ist, dass Politiker, vor allem die Fachabteilungen in den Ministerien und Behörden durchaus darauf angewiesen sind, Beratung zu bekommen und mit Informationen aus erster Hand versorgt zu werden. Damit das, was sie in die Welt bringen, auch in der Praxis Bestand hat. Technische Kleinstarbeit, Normen, Zahlen, in der Mehrzahl der Fälle völlig unglamourös. Interessen zu vertreten ist also nichts Verwerfliches, sondern oftmals in beiderseitigem Nutzen. Vor allem bleibt es die Aufgabe der am Gesetzgebungsprozess beteiligten Akteure, die Informationen, die sie bekommen, kritisch zu prüfen und auch hier ein Mehrquellenprinzip walten zu lassen. Also genau wie im Journalismus. Oder: wie beim Nachdenken über mache Werbebotschaft im Supermarkt, anstatt die Verantwortung einfach abzugeben.

Hinzu kommt, dass der Einfluss der Interessenverbände, also auch des Bauernverbandes, bei weitem nicht so hoch ist, wie er gerne angenommen wird. Zwar gibt es noch immer starke Verbände, und deren Aufgabe bleibt wichtig, um die Interessen »stimmenloser« kleinerer und mittelgroßer Betriebe zu bündeln und so politischen Einfluss geltend machen zu können. Gleichzeitig sind aber neue Player in einer sich verändernden Medienlandschaft auf den Plan getreten. Multinationale Konzerne lassen sich nicht mehr allein durch Verbände vertreten, sondern vertreten sich selbst oder engagieren angelsächsische *Law Firms*, die ihre Interessen wahrnehmen. Mancher greift auch auf »Hired Guns« zurück, PR-Spezialagenturen, die für bestimmte Kommunikationsziele auf- und danach wieder diskret abtauchen.

Die Verbände in Deutschland agieren deshalb heute eher reaktiv, nicht zuletzt der Bauernverband. Sie setzen, das kann man pauschal so sagen, angefangen vom Verband der Automobilindustrie bis hin zu jenen in Chemie und Landwirtschaft, viel weniger als früher die Agenda. Was auch mit der Zunahme neuer Akteure und einer gewissen Kakophonie in Brüssel und Berlin zu tun hat. Es ist im Grunde wie mit dem Fernsehprogramm: Wo es um 1980 vielleicht drei Kanäle gab, die den Stoff für unsere »Lagerfeuer« lieferten, waren es um 1990 schon einige mehr. Heute sind es 30, 50 oder 100, ich habe das nie systematisch gezählt.

Medien und Politik suchen für Hintergrundgespräche, auch solche in Fraktionen oder für Ausschussanhörungen im Parlament, zudem oftmals Ansprechpartner, die direkt aus der Branche kommen und nicht nur deren Interessen von Berlin aus vertreten. Vor allem dann, wenn der oder die Abgeordnete vielleicht aus demselben Wahlkreis kommt und die Firma seit Kindesbeinen kennt. Überdies können Unternehmen oft unverblümter sagen, was sie denken. Denn sie müssen nicht die Konsensmeinung verschiedener Mitgliedsunternehmen wiedergeben, wie dies Verbände zwangsläufig tun.

Im Blick auf die Landwirtschaft bedeutet dies einerseits, dass niemand glauben sollte, der Bauernverband allein regele, was im Landwirtschaftsministerium beschlossen werde oder den zuständigen Ausschuss des Parlaments passiere. Zumal in die Besetzung des Landwirtschafsausschusses nach der letzten Bundestagswahl durchaus Farbe gekommen ist. Denn die Union stellt dort zusammen nur noch ein Drittel der Landwirtschaftspolitiker, obwohl 2013 beispielsweise noch 80 Prozent der deutschen Landwirte CDU oder CSU wählten.[16]

Andererseits sollte niemand erwarten, dass der Verband allein das gesellschaftlich eher negativ getönte Stimmungsbild gegenüber der Landwirtschaft wird drehen können. Oder Industrie-Initiativen wie das Forum Moderne Landwirtschaft in Berlin, das weniger den Politikbetrieb, sondern den kritischen Städter ansprechen möchte. Dafür braucht es heute mehr denn je Einzelakteure, die ihre Stimme dort erheben, wo Meinung entsteht. Im Supermarkt, im Sport- oder Schützenverein, in der Bahn, vor dem Schulhof. Es geht eher darum, viele kleine, dezentrale Feuer lodern zu lassen, anstatt wie früher ein großen Maifeuer abzubrennen. Diese PR-Welt ist im digitalen Zeitalter mit mannigfachen Kanälen definitiv passé.

Nicht jeder ist fraglos dafür gemacht, sich durch die Sozialen Medien Gehör zu verschaffen. Wer sich in die Sozialen Medien begibt, braucht einen langen Atem und sollte täglich dort unterwegs sein, um seine Community in guten wie in schlechten Zeiten zu pflegen.

Das alte Diktum, dass noch nichts erreicht ist, wenn es verschickt ist, gilt im Netz in besonderem Maße. Wer mit Twitter etwas erreichen will, muss Zeit einsetzen, die ein Landwirt einfach nicht hat. So wie ein Landwirt keine Zeit hat, nach der Feldarbeit systematisch »Politik zu machen«.

So gut es darum auch ist, Interessenvertreter diese Kanäle bespielen zu lassen: Der größere Hebel liegt aus meiner Sicht woanders, wenn Landwirte nämlich beginnen, dort couragiert auf Kritik zu reagieren, wo sie greifbar wird. Bauern, davon bin ich überzeugt, sind heute weitaus mehr als früher Multiplikatoren in eigener Sache. Und doch bleibt ein wichtiges Merkmal von Verbänden bestehen, wahrscheinlich ist es sogar der Lackmustest dafür, wie gut ein Verband in die Berliner Landschaft passt oder eben nicht: nämlich eine glaubwürdige Schnittstelle zur Gesellschaft zu sein.

So ist es die Aufgabe der Verbände und Fachgesellschaften wie der DLG, die Interessen der Landwirte zu vertreten. Das ist ihre primäre Funktion. Aber sie müssen dies stärker als bisher in zwei Richtungen tun – das ist ihre sekundäre, ihre gesellschaftliche Funktion. Sie müssen mit anderen Worten nicht nur die Interessen ihrer Mitglieder bündeln und – *inside out* – deren Sprachrohr nach außen sein. Sie müssen vor allem – *outside in* – den Finger am Puls der Gesellschaft haben, und zwar aller Teile der Gesellschaft, nicht nur derer, die einem wohlgesonnen sind.

Verbände, meine ich, müssen heute weitaus stärker als in der Vergangenheit aufnehmen, was gesamtgesellschaftlich vor sich geht, und diese Wahrnehmungen an ihre Mitglieder spiegeln. Das ist gewissermaßen ihr Beitrag zur wirtschaftlichen Prosperität einer Branche in

Zukunft: eine Art schonungsloser Seismograph zu sein, der auf das vorbereitet, was sich anbahnt.

»Lebens-Mittel«

Solch einen Seismographen brauchen die Landwirte heute vielleicht mehr denn je. Denn es scheint mir, dass die Landwirtschaft im politischen Berlin keine so starke Lobby hat, wie oft unterstellt. Müsste es, gäbe es diese, nicht so sein, dass an der Landwirtschaft vieles abprallte? Und dass keine Gesetze im Jahrestakt erlassen würden, die ihr das Leben schwerer machen? Die eingangs erwähnte Dünnhäutigkeit angesichts der »Neuen Bauernregeln« spricht wohl eher für das Gegenteil.

Dies hängt maßgeblich damit zusammen, dass auch die Mechanismen der Politik im modernen Medienzeitalter andere geworden sind als in der alten Bonner Republik, man zurückhaltender agiert und zunächst schaut, was sich als Zeitgeist behauptet. Nicht umsonst sprach der bekannte Staatsrechtler Theodor Eschenburg seinerzeit noch von der »Herrschaft der Verbände«. Heute würde man sich mit so einer Formulierung schwertun. En vogue ist es jedenfalls nicht mehr, sich heute öffentlich für die Landwirtschaft auszusprechen. Und von den Ressortchefs aus dem Landwirtschafts- und Umweltministerium einmal abgesehen, lassen sich nur wenige Spitzenpolitiker auf der Grünen Woche blicken.

Warum eigentlich? Weil die volkswirtschaftliche Bedeutung der Landwirtschaft geringer wäre als die von anderen Branchen? Kann es – die deutsche Wortbildung zeigt es an – etwas Bedeutenderes geben als »Lebens-Mittel«?

Warum gibt es keine »Ethikkommission« zur modernen Landwirtschaft oder eine Nationale Plattform nach Vorbild der Nationalen Plattform Elektromobilität, bei der ich selbst einmal Sherpa war? Keine Enquete-Kommission wie zur Künstlichen Intelligenz? Mit charismatischen Führungspersönlichkeiten, unter Einbindung von NGOs und Zivilgesellschaft? Sie würden dem Thema Landwirtschaft zumindest einen politischen Stellenwert verleihen, der ihm angemessen ist, es zu einem politischen A-Thema machen! Und damit, seien Sie sicher, zu PR-Fenstern für die Bauern führen.

Da dies nicht geschieht und die großen Gesten von Politik und Öffentlichkeit zugunsten der Bauern ausbleiben, müssen wir uns als Verbraucher umso genauer überlegen, wohin die Reise gehen soll – nicht nur beim Einkauf eben jener in ihrer Bedeutung marginalisierten »Lebens-Mittel«, sondern im Hinblick darauf, was wir an Bildern und Botschaften konsumieren. Ob wir uns auf die Seite der Angst schlagen oder auf jene der kritischen Zuversicht.

Eines sollte klargeworden sein: Bessere Standards für Umwelt und Tiere zu fordern, selbst aber nicht bereit zu sein, sich mit den Bedingungen der Landwirtschaft auseinanderzusetzen, wird nicht funktionieren. Viele Landwirte wären bereit, diesen Weg gemeinsam mit den Verbrauchern zu gehen, davon bin ich überzeugt.

Dass es auch anders geht, macht ein Kommentar deutlich, den im Spätsommer des Jahres 2017 Michael Bauchmüller in der *Süddeutschen Zeitung* verfasst hat. Der Name des Mediums ist hier insofern von Bedeutung, als die *Süddeutsche* nicht als eine Tageszeitung bekannt ist, die mit den Bauern jederzeit auf Du und Du wäre – vor allem aber, weil es eine große Publikumszeitung mit einem Verbreitungsgebiet in Stadt und Land gleichermaßen ist.

Der Kommentar ist mit »Erntedank. Warum man den Wert der ›Lebens-Mittel‹ neu entdecken muss« überschrieben. Und man könnte ihn, handelte es sich dabei nicht um geistigen Diebstahl, als eine Art Synthese vieler Themen dieses Buches lesen. Ich habe diesen Kommentar meinem Buch als Motto vorangestellt – allerdings ohne den letzten Absatz, der genau diese zentrale Bedeutung des Wortes »Lebensmittel« transportiert. Den wollte ich mir bis zum Ende aufsparen. Ein Wort, das im Italienischen nicht zufällig »Alimentari« heißt, im Französischen spricht man von »Denrées alimentaires«. Ein Wortstamm, der offenkundig von so großer Kraft ist, dass er auch den Kern von »elementar« und »Alimenten« im Deutschen bildet.

Mit dem vollständigen Text von Michael Bauchmüller beende ich dieses Kapitel. Im nächsten Kapitel folgen dann noch einige Ideen hinsichtlich der Frage, welche Spielregeln uns bei der Kommunikation mit der Landwirtschaft leiten sollten.

»Bauer sein ist ein hartes, oft undankbares Geschäft. Kaum eine Arbeit hängt derart von den Launen der Natur ab, kaum irgendwo liegen die Freude über üppige Felder und der Frust über eine vernichtete Ernte so nah beieinander. Ein kräftiges Gewitter, ein heftiger Frost kann Existenzen vernichten. Mit diesem Risiko leben Menschen, die selten nach acht Stunden Feierabend haben und notfalls sonntags auf dem Traktor sitzen, bevor das Wetter umschlägt. Die meisten von ihnen machen das sogar gerne.

Und Bauern kriegen einiges ab. Denn wohin sich die deutsche Landwirtschaft entwickelt, passt nicht recht in das romantische Bild, das viele von ihr haben. Die Höfe werden größer und mit ihnen die Maschinen; die Pflanzenschutzmittel werden raffinierter und mit ihnen das Saatgut. Die Kundschaft schüttelt den Kopf, trägt ihr Geld aber unverdrossen zum Discounter. Bäuerliche regionale Landwirtschaft hat so kaum eine Chance. In der Kritik an einer industriellen, naturabgewandten Landwirtschaft sind sich die meisten Verbraucher trotzdem einig.

Wenn die Bauern dieser Tage überall Erntebilanz ziehen – und zwar überwiegend eine durchwachsene –, dann ist das auch mal Anlass für ein Dankeschön: Für jeden Liter Milch, für jeden Krümel Brot und jede Kartoffel ist irgendwer früh aufgestanden und hat bis spät gearbeitet. Vielleicht hilft das, den wahren Wert der ›Lebens-Mittel‹ neu zu entdecken.«[17]

7. ZEHN VORSCHLÄGE FÜR EINE BESSERE KOMMUNIKATION ZWISCHEN LANDWIRTSCHAFT UND GESELLSCHAFT

Anders als jene der Umwelt finden die Belange des ländlichen Raumes in Deutschland keinen großen Widerhall. Jedenfalls noch nicht. Wenn Bundespräsident Frank-Walter Steinmeier in seiner Rede zum Tag der Deutschen Einheit 2017 vor symbolischen Mauern warnte – und zwar nicht nur vor denen zwischen Arm und Reich, Alt und Jung, online und offline, sondern auch zwischen Stadt und Land – dann ist die drohende Entfremdung als politisches Thema zumindest erkannt worden. Es bleibt allerdings fraglich, ob sich die Hegemonie des Städtischen hierdurch abschwächen und der Dialog zwischen Stadt und Land verbessern wird.[1]

Die Vorzeichen, unter denen über Landwirtschaft in Publikumsmedien berichtet wird, sind zumeist keine guten. Dies liegt an den Mechanismen von Öffentlichkeit, an der Weise, wie Themen zu Themen werden. *Only bad news are good news*: Die Orientierung an dieser sehr alten und sehr zynischen Weisheit mancher Blatt- und Blog-Macher lässt uns so viel Gelungenes nicht sehen. Und macht den einzelnen negativen Ausschnitt zum Bild des Ganzen.

Man kann darauf mit einer Mischung aus Abwehr und Verhärtung reagieren. Oder aber man nimmt die medialen Gegebenheiten, wie sie sind, und versucht, produktiv damit umzugehen. Hierbei hilft vielleicht die Perspektive von außen, von einem Standpunkt aus, der es möglich macht, unabhängig von persönlichen Belangen auf die Materie zu schauen. Wer emotional betroffen ist oder Ziel persönlicher Anfeindungen, kann das nicht. Wer sich in einem Dauerclinch mit Anwohnern befindet, wird deren Argumente nicht hören. Zumindest glaube ich, dass man den Wald manchmal sehen kann, ohne jeden einzelnen Baum zu kennen.

Zugleich bin ich kein Anhänger von Ratgeber-Literatur, die uns die »Kunst des klugen Denkens«, die »Kunst des glücklichen Lebens«, die »Kunst des klugen Essens« und so weiter beibringen möchte. Ich glaube nicht daran, dass es einen Masterplan für das Leben gibt, eine Anleitung zum Glücklichsein. Und ich glaube auch nicht, dass sich die Konfliktlinien und Widersprüche zwischen Landwirtschaft und Gesellschaft, zwischen Produzenten und Verbrauchern, um die es in diesem Buch geht, in einem paradiesischen Zustand der Befriedung überführen lassen.

Aber wir können pragmatisch an den Konflikten und Widersprüchen arbeiten. Im Rahmen unserer Möglichkeiten und Zwänge. Wir können besser kommunizieren und uns im Kleinen um Umgangsformen bemühen, die dazu beitragen, dass bestehende Ressentiments nicht zementiert werden. Mein Rezept für eine bessere Kommunikation zwischen Landwirtschaft und Gesellschaft – und umgekehrt – hätte dabei folgende drei Grundzutaten: Empathie, Selbstvertrauen und Humor. Dass Werte wie Fairness und Sachlichkeit die Basis jeder guten Kommunikation bilden, versteht sich zumindest in der Theorie von selbst. Mit der Beschimpfung des Gegenübers kommt man in der Regel nicht weit.

Hier einige konkrete Vorschläge, die wir beherzigen könnten – als Verbraucher und Kritiker der Landwirtschaft ebenso wie als Vertreter der Branche.

1. Es ist nicht die Landwirtschaft im Ganzen, die Kritik verdient, sondern es sind immer nur einzelne Aspekte und Praktiken. Wir sollten diese wichtige

Differenzierung in öffentlichen Debatten deutlich machen, den Kritikpunkten dabei konsequent nachgehen. Ansonsten laufen wir Gefahr, »die Landwirtschaft« wie einst »die Kernkraft« pauschal zu einem Wirtschaftsbereich zu machen, der von weiten Teilen der Gesellschaft mit Widerstand wahrgenommen wird. Und bei denen, die Landwirte sind, das Gefühl bestärkt, Ausgestoßene der Gegenwart zu sein.

2. Wir brauchen umso mehr die Bereitschaft, anderen, positiven Geschichten über die Landwirtschaft zum Licht zu verhelfen. Landwirtschaftliche Betriebe sind in vielen Regionen nicht nur wichtige Arbeitgeber und Ausbilder, an deren Schicksal unzählige Familien hängen: Landwirte nehmen auch öffentliche Aufgaben vom Winterdienst bis zur Freiwilligen Feuerwehr wahr. Vor allem aber produzieren Landwirte als hochkompetente Spezialisten unsere Lebensmittel in einer historisch zuvor nie da gewesenen Qualität und Menge. Dies sollte man wieder und wieder erzählen, ohne die Fragen der Umwelt- und Tierethik, die damit verbunden sind, zu kaschieren. Hierbei gilt: Diese Fragen betreffen nicht allein die Landwirte und eine anonyme »Agrarindustrie«. Es sind auch Fragen, denen wir uns zusammen mit den Landwirten als Gesellschaft stellen müssen.

3. Wer als Landwirt bestimmte landwirtschaftliche Praktiken kritisiert, ist nicht per se illoyal. Das gilt in gleicher Weise für die institutionellen Vertreter der Landwirtschaft, ihre Verbände. Diese müssen Fehlentwicklungen in der Produktionskette, ökologische Risiken, aber auch ökonomische Gefahren für die Landwirte offener diskutieren, als dies – so

sieht es zumindest für Außenstehende aus – bisher geschieht. Kritik wird zu häufig als Nestbeschmutzung verstanden. Bauern, die etwas verändern wollen, sind keine »Whistleblower«.

4. Dazu gehört auch, mehr »Storytelling« zu betreiben und die Arbeit der Landwirte im Alltag zu präsentieren. Geschichten und Persönliches sind etwas anderes als »Sentimentalität« oder »Nichtfachlichkeit«, die mancher Branchenvertreter der kritischen Öffentlichkeit gern anlastet. Sie können im Gegenteil wichtige Brücken zu Nichtlandwirten bauen. Denn nicht zusätzliche Informationen ändern bekanntlich Standpunkte, sondern allein Emotionen, Begegnungen, Erlebtes. – Die Kommunikation der Agrarwirtschaft will im Dialog mit Laien hingegen oftmals möglichst viele Argumente mit möglichst vielen statistischen Wahrheiten belegen. Dieser »Vollständigkeitswahn« erreicht die für die Akzeptanz von Technik und Wirtschaft entscheidende Gefühlsebene aber nicht, sondern führt im besten Fall zu Missverständnissen, im schlechtesten zum Verspielen von Sympathie. Der Wurm muss dem Fisch schmecken, sagt eine alte PR-Regel, nicht dem Angler. Der Fisch sind wir alle.

5. Namen wie Steve Jobs oder Bill Gates zeigen es an: Der Kommunikationstrend unserer Zeit heißt Personalisierung, gerade weil viele Themen der Wirtschaft komplexer werden. Auch die Landwirtschaft sollte in ihrer Kommunikation darum mehr Geschichten nach vorn stellen, in denen es um einzelne Menschen und ihre Geschäftsideen geht. Und die den Schneid haben, als Absender möglichst ungeschliffener Bot-

schaften aufzutreten. Die Landwirtschaft braucht *Gesichter*, die bleiben, Identifikationsfiguren, Innovatoren, Treiber, Bessermacher! Denn nichts schafft stärkere Bezüge als Personen und ihre Biografien – auch wenn nicht jeder als Apple-Gründer geboren wird. Nichts immunisiert eine Branche zugleich wirksamer gegen den Vorwurf, nur ein abstraktes »System« zu sein.

6. Kampagnen zu organisieren ist heute ebenso ein Geschäftsmodell wie der Anbau von Weizen oder die Aufzucht von Vieh. Der selbstgerechte Glaube mancher Umweltaktivisten, auf der richtigen Seite zu stehen, treibt vor diesem Hintergrund aber seltsame Blüten. Die Veröffentlichung von Porträtbildern von »Tierschändern« im Internet, die einer modernen Form des Prangers gleichkommt, Stalleinbrüche und damit einhergehende Sachbeschädigungen sind nicht nur Straftaten, sondern die falschen Mittel, wenn man wirklich an Gespräch und Veränderung interessiert ist.

7. Um das mediale Grundrauschen zu durchstoßen und Aufmerksamkeit zu bekommen, muss man bisweilen Unerwartetes tun. Man kann wie der Penny-Markt seine Regale leerräumen, um auf die Gefährdung der Honigbienen hinzuweisen, oder wie die Kosmetikmarke »Burt's Bees« in London Blumensamen mit der Aufschrift »Bring back the bees« verteilen. Auch das Bundeslandwirtschaftsministerium ruft aktuell zum »Bienenfüttern« mittels Garten- und Balkonpflanzen auf. Das sind schöne PR-Aktionen, die ein aktives Tun und nicht nur ein reaktives Handeln ermöglichen. – Noch wichtiger ist jedoch, sich bei

Kritik spontan aus der Deckung zu wagen. Als SPD-Chef Martin Schulz dem Siemens-Konzern 2017 vorwarf, mit dem Streichen von Stellen verantwortungslos zu handeln, antwortete Siemens-CEO Joe Kaeser prompt mit einem offenen Brief. Unabhängig davon, wie man diesen in der Sache bewertet, kann man daraus lernen: Wenn Behauptungen über die Landwirtschaft im Raum stehen, sollte man diese nicht unkommentiert stehen lassen, sondern Redaktionen um die Möglichkeit bitten, eine Gegenposition äußern zu dürfen. Oder andere Kanäle finden. *»Alle, die mir Massentweets hundertfach (!), wortgleich schicken:«*, schreibt Julia Klöckner im April 2018 auf Twitter, *»Konsequenz ist, dass ich gar nix mehr davon lesen kann. An alle NGO: Erfolg Ihres Anliegens wächst nicht proportional mit der Quantität des Verschickens. Am besten eine (!) Mail ans Büro. Wir kriegen das kognitiv hin:-)«.*[2] – Genauso.

8. Die Kommunikation über Soziale Medien ist heute Standard, selbst bei den Präsidenten Frankreichs und der USA. Deshalb sollte man sie weder vergöttern noch verteufeln, sondern einfach nutzen. Landwirte müssen aber vor allem in eine nachhaltige Beziehungspflege zu regionalen und lokalen Medien investieren. In den Kontakt zu Interessenvertretern vor Ort, zu Landräten, Landtags- und Bundestagsabgeordneten, Kirchenvertretern, Schulleitern. Dort, wo man sie kennt, ihr Tun realistisch einschätzen kann. Denn sporadische Tweets können einen Meinungstrend auf Bundesebene nicht drehen. Ein Post aus dem Oldenburger Land erreicht im Zweifelsfall keinen Interessenvertreter, der gerade im Hinterraum des Berliner Café »Einstein« Unter den Linden

sitzt. Aber er kann ein Meinungsbild vor Ort langfristig mitgestalten, was am Ende mehr wert ist.

9. Die Landwirtschaft muss gesellschaftliche Debatten ernst nehmen, will sie selbst ernstgenommen werden. Denn ohne gesellschaftliche Akzeptanz wird es in einer medial vernetzten Gesellschaft zunehmend schwerer, wirtschaftlich erfolgreich zu agieren. Das gilt für alle Wirtschaftsbranchen gleichermaßen. Gerade deshalb ist die vornehmste Aufgabe von Verbänden heute nicht mehr allein, Interessen zu bündeln und möglichst robust nach außen aufzutreten, sich am sprichwörtlichen »Gut gebrüllt, Löwe!« zu orientieren. Verbände müssen vielmehr eine glaubwürdige Schnittstelle zur Gesellschaft bilden, die auch von Kritikern respektiert wird. Und zuhören, was dort vor sich geht. Es gilt, dieses Wissen im Sinne einer frühzeitigen Analyse dann an die eigenen Mitglieder zurückzumelden – die Bauern auf das vorzubereiten, was wirklich kommt.

10. Es mag ein frommer Wunsch bleiben: Landwirtschaft wie Öffentlichkeit sollten nicht mehr die Schlachten der Vergangenheit schlagen, sondern überlegen, inwieweit es Lösungen für Zukunftsthemen jenseits von »konventionell« und »bio« gibt. Das berührt nicht nur Fragen der Digitalisierung, sondern des Wandels der Lebensmodelle und der ländlichen Räume. Wir sind als Gesellschaft ja geübt mit Hashtags: Wie wäre es mit einem Hashtag #Landwirtschaftneudenken, der nicht aus dem Off kommt und anschließend erfolglos versucht, viral zu wirken? Sondern dem ein Memorandum »of common understanding« von Politik, NGOs, Bauernschaft, Handel ebenso vorausgeht wie

ein Hintergrundkreis mit Medienvertretern? Und ein Fonds sämtlicher Branchen des milliardenschweren »Agribusiness«, der Landwirten beim Erproben neuer Geschäftsideen ebenso zugutekäme wie ausgewählten Umwelt- und Bildungsprojekten? Den Versuch, die Kühe einmal richtig auf den Kopf zu stellen und gedanklich umzuparken, lohnte es! Auch jenseits solcher Phantasien.[3]

8. ZUSAMMENFASSUNG UND AUSBLICK

Ich habe bereits am Beginn dieses Buches betont, dass ich kein Landwirt bin, sondern als Außenstehender auf die Landwirtschaft blicke. Anlass für dieses Buch war dabei die Wahrnehmung einer medialen Unwucht, wenn es um viele Themen der Landwirtschaft und ihres Bildes in der Öffentlichkeit geht. Es kommt mir zumindest so vor, als hörte man die Kritiker öffentlich häufiger als die Landwirte! Dem wollte ich nachgehen, weil mir Land und Landwirtschaft am Herzen liegen. Im Folgenden darum fünf zusammenfassende Beobachtungen zur Landwirtschaft heute und morgen, aber auch zu uns Verbrauchern.

1. Energiepflanzen und Ökostrom-Produktion: Warum Subventionen ihre Ziele nur selten erreichen

Die Goldgräberstimmung, die sich in den zurückliegenden Jahren bei manchem breitmachte, wenn es um das Thema Energiepflanzen ging, hat, wie erwähnt, deutlich an Euphorie verloren. Ihr gilt dennoch meine *erste Beobachtung.* Viele Branchenkenner warten derzeit gespannt darauf, was geschieht, wenn die 20-Jahre-Förderung ausläuft. Es ist damit zu rechnen, dass nur wenige Biogasanlagen dann am Markt werden bestehen können. Die meisten werden wieder aus dem Landschaftsbild verschwinden.

Dass es lange Zeit rentabler war, Energiepflanzen für Biogasanlagen anzubauen oder Pachten für Windkraftanlagen einzustreichen, statt Viehwirtschaft zu betreiben oder Getreide zu ernten, wird dann rückblickend zwar betriebswirtschaftlich nachvollziehbar bleiben, sich volkswirtschaftlich aber als der Irrweg offenbaren, der es heute schon ist. Die Umgestaltung der Landwirtschaft im Rahmen einer subventionierten Stromproduktion trägt in jedem Fall wenig zur zukunftsfähigen Gestaltung des ländlichen Raums als Lebens- und Arbeitsort bei. Zugleich verschärft sie den Konflikt zwischen Landwirtschaft und Gesellschaft, der im Bereich der Tierhaltung ja bereits existiert.

Wie schwierig Subventionen in der Landwirtschaft grundsätzlich sind, kann folgendes Gedankenexperiment deutlich machen: Stellen wir uns vor, die öffentliche Hand täte dasselbe im Hinblick auf in Deutschland produzierte Lebensmitteln, was sie im Hinblick auf Strom aus heimischen Energiequellen tut: Der Staat verpflichtete alle Konsumenten per Gesetz zu einer Art Umlage für heimische Produkte, um so die Differenz auszugleichen, die zwischen hohen Produktionskosten und den niedrigen Preisen im Discounter entsteht – und zwar für einen Zeitraum von 20 Jahren, in denen Festpreise für Milch, Fleisch, Getreide unabhängig vom Marktwert dieser Nahrungsmittel gezahlt würden. Nennen wir diese Umlage die »GHN-Umlage« für »Geprüfte Heimische Nahrungsmittel« (©Möller).

Lassen wir dabei einmal außer Acht, dass eine solche Maßnahme sofort an der Intervention der europäischen Wettbewerbsbehörden scheitern würde. Schon 2002 hat der Europäische Gerichtshof das Gütezeichen der Centralen Marketing-Gesellschaft (CMA) »Qualität aus deutschen Landen« kassiert, das er als unzulässige Wettbewerbshürde gegenüber europäischen Wettbewerbern einstufte. Eine direkte Subvention heimischer Produkte würde also wohl unmittelbar zu einem hübschen Beihilfeverfahren führen.

Aber auch, wenn es dieses nicht gäbe, wären die Folgen unerfreulich: Zum einen wäre nämlich nicht gesichert, dass die Importe von Lebensmitteln aus anderen europäischen Ländern nicht rasant steigen würden. Deutschland ist ja keine Insel. Wenn sich Deutschland also heute aus einem internationalen Wettbewerb für Lebensmittel herausnehmen würde, gleichzeitig europäischen und globalen Anbietern von Fleisch und Getreide den Marktzugang aber nicht erschweren würde, hätte man ein Paradies für ausländische Importeure und deutsche Discounter geschaffen: Billigfleisch aus dem Ausland landete vermehrt auf den deutschen Tellern. Aus dem einfachen Grund, weil der Verbraucher in Deutschland im Zweifel seine Kaufentscheidung am Preis ausrichtet, und an nichts anderem.

Doch selbst, wenn das so nicht geschähe: Ein fester Abnahmepreis, der bei der Preisbildung am Markt tatsächlich durchgesetzt werden könnte, würde schnell jenen Mechanismus wieder in Gang setzen, der in der ersten Phase der Gemeinsamen Agrarpolitik der EU zu den berüchtigten »Milchseen« und »Butterbergen« führte: Landwirte produzieren, der Staat vergütet alles zum festen Preis, und nimmt dabei Überschüsse in Kauf.

Staatliche Eingriffe werden die Landwirtschaft darum nicht zukunftsfähig machen, dies kann nur von innen heraus und dadurch geschehen, dass sich die Landwirte an dem mittlerweile so in Verruf geratenen Markt orientieren. Und der kennt nicht nur billig, wenn wir etwas kreativer denken.

2. Subventionen der Böden: Weg von der Flächenförderung

Wenn eine staatliche Förderung des ländlichen Raumes wirksam sein will, so meine *zweite Beobachtung*, dann muss die pauschale Subventionierung von Flächen revidiert und neu organisiert werden. Flächenprämien sind nicht prinzipiell falsch, das habe ich deutlich gemacht. Landwirte oder Schäfer erfüllen genau wie Waldbesitzer in der überwiegenden Zahl eine wichtige Aufgabe, wenn sie Land kultivieren, es erhalten. Aber: Es ist ein Unterschied, ob ich ertragreiche Böden bewirtschafte oder in Brandenburg oder der Lüneburger Heide Sandböden Erträge abringen muss. Es ist also nicht zu rechtfertigen, pauschal nach Hektar zu vergüten, anstatt – wie dies beim Ökolandbau bereits geschieht – vor allem qualitative Kriterien für die Höhe der Förderung zugrunde zu legen. Gleiches Geld für unterschiedlich ertragsstarke Flächen: Das würde ich im EU-Deutsch tatsächlich eine Wettbewerbsverzerrung nennen!

Das Schlüsselwort bei der Verteilung der rund 6 Milliarden Euro Agrarsubventionen muss darum Einzelfallprüfung, ja Einzelfallgerechtigkeit heißen. Der Koalitionsvertrag vom Februar 2018 stellt dazu unter Zeile 3396 fest: »Die Verwendung der Mittel soll neben der Einkommensstabilisierung besser auf diese Ziele [also Tier-, Natur- und Klimaschutz] ausgerichtet werden. Dabei achten wir auf ertragsschwache Standorte mit geringen Bodenwerten.« Voilà!

Neben den Bodenwerten könnte man aber auch noch andere Kriterien für die Fördermittelvergabe hinzuziehen. So könnte man etwa für Umweltdienstleistungen Punkte vergeben. Entsprechende Vorschläge sind zumindest kein politisches Reizmittel mehr.

Jede Dienstleistung für die Natur, egal ob das Wasser, den Boden oder das Klima betreffend, könnte man dabei mithilfe digitaler Technik erfassen und bewerten. Schon heute kennt man dank GPS und Google Maps jede Kuhle, jeden Graben, jeden Strauch, jede Bodenqualität auf großen Flächen, hat also bereits ein ziemlich differenziertes Bild. Warum nicht dem Landwirt, der so ackert, dass zwei schützenswerte Biotope an den Rändern seiner Fläche nicht voneinander getrennt werden, sondern durch einen breiten Blühstreifen verbunden bleiben, für diese Umweltdienstleistung bezahlen? Zumindest *einen Teil* der Prämie könnte man nach einem solchen System ausrichten, das Umweltstandards zum Goldstandard erhebt.

3. Fleisch: Das langfristige Problem der Exportorientierung

Meine *dritte Beobachtung* betrifft die Tierhaltung. Es sollte deutlich geworden sein, dass ich in unserem Konsumverhalten sowie in der Urbanisierung die zwei zentralen Ursachen dafür sehe, dass die konzentrierte Viehhaltung vor den Toren der Städte zunimmt. Hinzu kommt die wachsende globale Nachfrage nach Fleisch vor dem Hintergrund sich verändernder Essgewohnheiten auch in solchen Ländern, die bisher einen eher zurückhaltenden Fleischkonsum pflegten.

Die Fleischbranche wächst, weil der Exportmarkt größer wird. Die Prosperität ländlicher Räume ist deswegen heute in der Regel dort ausgeprägter, wo Tierhaltung und damit »Veredelungswirtschaft« betrieben wird. Im Hinblick auf das Durchschnittseinkommen und auch bei anderen wirtschaftlichen Eckdaten können allein diese

Räume mit den Städten mithalten, daran besteht kein Zweifel.

Mir scheint dennoch, dass die gegenwärtige Praxis des immer Mehr und immer Billiger in der Fleischproduktion gerade aus ökonomischen Gründen nicht mehr lange zu erhalten sein wird. Gründe der Moral oder der politischen Opportunität im Hinblick auf Tierwohlerwartungen spielen da zunächst gar keine vorrangige Rolle. Das Stichwort hier heißt vielmehr: Gülle.

Wenn deutsche Schweinemäster vor allem im Export das Zukunftsgeschäft sehen, dann ist das sicher zutreffend im Hinblick auf die Wachstumserwartungen im Ausland. Was aber nicht bedacht wird, ist der Umstand, dass die Viehproduktion daheim nicht beliebig zu steigern ist. Es gibt physikalische und biologische Grenzen in einem dicht besiedelten Land mit kleiner werdenden Flächen.

Man kann das Problem deshalb auf den simplen Dreisatz bringen: *Soja rein – Schweine raus – die Gülle bleibt hier.* Wer dieses System nicht durchbricht, setzt sich dem Vorwurf aus, Gewinne zu privatisieren, Umweltbelastungen aber zu vergesellschaften. Auf die Dauer wird das nicht gutgehen. Deutschland sieht sich mit Stolz als Exportweltmeister bei Autos und Maschinen. Es kann aus naheliegenden Gründen aber nicht Exportweltmeister bei Fleisch oder Getreide sein, ohne dafür einen hohen Preis hinsichtlich der Umwelt zu zahlen. Und ohne den Druck auf die Höfe noch weiter zu erhöhen.

Der Grund liegt auf der Hand: Würde die Automobilindustrie in der gleichen Weise für den Exportmarkt produzieren, wie es die Fleischbranche heute macht, bedeutete dies, alle Fahrzeuge komplett in Bayern oder Baden-Württemberg (und auch in Niedersachsen) zu bauen und die damit einhergehenden Produktionseffekte wie Emissionen, Lärm, Warenlogistik, Flächenbedarfe und so weiter vollständig im Binnenland zu verorten.

Das geschieht aber gerade nicht. Und so wie BMW sein größtes Einzelwerk in Spartanburg in den USA betreibt, tun dies viele andere Industrieunternehmen auch, die ihren Sitz in Deutschland haben: Sie fertigen entweder direkt vor Ort in den Auslandsmärkten oder aber in weltweiten Produktionsverbünden.

Die Fleischbranche wird für dieses Problem demnach Lösungen finden müssen. Ob es solche sein werden, die die Zukunft der Landwirte in Deutschland sichern oder zu einer weiteren Verlagerung der Fleischproduktion etwa in den Osten Europas führen, bleibt offen. Das kann zumindest dieses Buch nicht entscheiden.

4. Mehr Technik: Alexas reifere Geschwister auf dem Acker

Die Globalisierung prägt unseren Blick auf die Landwirtschaft gleich zweifach. Sie befördert im Modus einer Abwehrreaktion einerseits unsere Sehnsucht nach »Heimat« und »Regionalität«. Das führt andererseits dazu, dass wir die Abhängigkeit der Landwirte von globalen Wirtschaftsströmen und technischen Entwicklungen gerne übersehen.

Vielleicht ist manche Debatte, die wir heute führen, in ihrem Kern deshalb schon überholt? Das heißt nicht, dass ich die Auseinandersetzungen um die Frage, welche Chemie in welchen Mengen und zu welchem Zweck auf den Acker kommt, für unerheblich hielte. Sie könnte sich allerdings in nicht ferner Zukunft als ein Anachronismus herausstellen.

Bereits heute haben es neue Herbizide immer schwerer, zugelassen zu werden. Denn die Auflagen in Deutschland sind – anders als es die öffentliche Debatte vermuten lässt – sehr hoch. Manche sagen: die höchsten in Europa. Und sie werden noch weiter steigen. Einige Hersteller setzen daher zunehmend auf Biologicals, biologische Pflanzenschutzmittel. Beispielsweise durch Fungizide, die im konventionellen und ökologischen Bereich eingesetzt werden.

Man darf sich dabei keine schnellen Lösungen erhoffen, weil die Wirksamkeiten noch nicht so sind, wie sie die Landwirtschaft braucht. Aber sie sind ein Anfang. Und der Umstand, dass große Unternehmen in diesem Bereich investieren und kleinere Anbieter übernehmen, ist ein Indiz dafür, dass die Zukunft selbst seitens der Industrie nicht mehr einseitig in chemischen Mitteln gesehen wird, sondern alternative Produkte gleichrangig in die erste Verkaufsreihe rücken.

Wer sich zudem auf landwirtschaftlichen Fachmessen umsieht, gewinnt den Eindruck, dass die heutige Debatte um Pflanzenschutzmittel zunehmend technisch beantwortet werden wird. Dann nämlich, wenn parallel zu den Biologicals Roboter die Maisfelder oder Erdbeerfelder durcharbeiten. Oder andere elektrische Landmaschinen zum Einsatz kommen. Das ist eine zumindest nicht unrealistische Zukunft, die »konventionell« und »bio« auf Basis moderner mechanischer Technik verbinden würde, auch wenn sie heute noch keine tragfähige Lösung darstellt. Man wird aber gerade im Ackerbau sehen, dass sich die Grenzen zwischen beiden »antagonistischen« Welten auflösen. Und zwar mit reiferen Technologien, als wir sie anhand oft läppisch wirkender Sprachcomputer im Hausgebrauch und anderer Scheininnovationen sehen.

Dass es am Ende nur mit einem Mehr an Technologie geht, so meine *vierte Beobachtung*, steht für mich zumindest außer Frage. Dazu gehört auch eine veränderte Beziehung zwischen Produzenten, Händlern und Kunden. Hoffnungsvoll hat mich in diesem Zusammenhang ein Beitrag im Wirtschaftsmagazin *brandeins* gestimmt, das einen fränkischen Metzger als digitalen Pionier porträtierte.[1] Mehr als die Hälfte des Umsatzes macht der Betrieb von Claus Böbel durch Onlinemarketing mit seiner Seite »umdiewurst.de«. Er liefert seine Wurstspezialitäten nicht nur mit dem »Wursttaxi« in die Region, sondern per Post sogar nach Japan. Und der Unternehmer sagt dem Reporter den Satz: »Ohne das Internet könnten wir an diesem Standort, mitten auf dem Land, nicht mehr überleben.« 75 Kunden kämen pro Tag in seine Schlachterei. Aber 75.000 Interessenten besuchten im Monat seine Website!

In diesem Zusammenhang muss diskutiert werden, dass die Digitalisierung, wenn sie nicht von den Bauern mitgesteuert wird, den Einstieg in die vollständige vertikale Integration bedeuten kann. Wenn man sich aber daran erinnert, dass das Internet eine Möglichkeit für jedermann ist zu kommunizieren, die es im Zeitalter der Zeitungen allein nicht gab, dann kann die digitale Vernetzung gerade für die auf Qualität und immaterielle Botschaften setzende Landwirtschaft eines Tages ein Segen sein. Denn überall dort, wo nicht allein das Produkt, sondern »die Geschichte drum herum« monetarisierbar wird, liegt ein Vorteil für die preislich oberhalb der ausländischen Konkurrenz produzierenden Landwirte. Deshalb ist mir das Storytelling als »Köder« so wichtig. Zumindest bei jener Kundschaft, der es um »mehr« geht. Und es liegt an uns, ob wir diesen noch geringen Prozentsatz in Zukunft durch den einen oder anderen Obolus beim Einkaufen steigern!

5. Die Zukunft der Landwirtschaft: eine Frage ihres Selbst-Bewusstseins

Liest man das heutige Schlagwort »Entkopplung« als eine Metapher für den Zustand der Gesellschaft, für das Auseinanderdriften von Lebensweisen und Anschauungen, sollte es am Beispiel der Landwirtschaft umso wichtiger erscheinen, aus den Gräben herauszukommen und zu erkennen, dass die Widersprüche im Grunde nicht so groß sind, wie sie oft gemacht werden. Und dass die Landwirtschaft nur ein Abbild unserer Lebensweise, unserer Ängste und Wünsche ist.

Vielleicht, so meine *fünfte und letzte Überlegung*, wäre für das Zusammenleben schon einiges gewonnen, redeten wir den Menschen nicht permanent ein, dass ihr Leben auf »Wenden« und »Unsicherheiten« zusteuere, wie dies in der Politik gerade geschieht. Gerade in der Arbeitsmarkt-, Sozial- oder Rentenfrage. Zumal ich den Eindruck habe, dass wir auch deshalb so viel von der Notwendigkeit des Wandels sprechen, weil wir uns in Wahrheit nach dem Vertrauten, dem vermeintlich Stabilen früherer Jahre sehnen. Mit der *Wende*-Rhetorik könnte es sich darum verhalten wie mit dem sprichwörtlichen Pfeifen im Walde: Je lauter wir von der Zukunft sprechen, desto mehr fürchten wir sie – und halten uns an Gegenwart und Vergangenheit.[2]

Gerade in Deutschland könnte die Rückschau auf die Welt von früher auch deshalb so deutlich ausfallen, weil es die Deutschen nach 1945 über Jahrzehnte gewohnt waren, kollektiv nach vorn zu blicken und »Tradition« oder »Heimat« im Vergleich zum Neuen, auch zum Fremden, das nicht nach der alten Welt aussah, zu verdrängen. Aber das wäre der Stoff für eine eigene Geschichte, ein eigenes Buch.

Nur eines gehört noch unbedingt hierher: Wenn uns »Heimat« heute wieder so wichtig ist und wir sogar ein Berliner Ministerium danach benennen, können uns die Landwirtschaft und die Landwirte nicht egal sein! Und wir können uns beiden nicht nur im Modus des Vorwurfs zuwenden, sondern müssen bereit sein, auch von uns selbst Verhaltensänderungen einzufordern.

Wir brauchen in der Landwirtschaft deshalb keine Wenden, die das Bestehende auf den Kopf stellen; dies geschieht bereits durch die Mechanismen des Marktes, und zwar schneller, als es manchem Landwirt lieb ist. Hier unter die Arme zu greifen ist eine Aufgabe der Politik. Was wir aber brauchen, sind konkrete Schritte, die landwirtschaftliche Prozesse von der Erzeugung bis zum Ladentisch transparenter machen, nachvollziehbarer, und zwar vom Kindergarten und der Schule bis zum ersten eigenen Gehalt und weiter. Und nicht allein kostengünstiger.

Dies kann am Ende allerdings nur dann Früchte tragen, wenn es auch eine echte Nachfrage nach besseren Produkten und Produktionsweisen gibt, die nicht künstlich stimuliert ist. Das dauerhafte Beschulen von Menschen allein wird nicht zum Erfolg führen. Der Verbraucher muss auch wissen *wollen*, was er in den Wagen legt oder gerade für kleines Geld bestellt, wenn er unterwegs ist. Und dass hinter allem moderne Landwirtschaft sowie Schlachtbetriebe stehen. Sei es an der Currywurst-Bude oder beim Inder. Beim Thai oder in der Pizzeria. Am Fischbrötchenstand im Hafen oder beim Mittagstisch in der Metzgerei. Auf dem Münchner Oktoberfest, wo allein im letzten Jahr 510.000 ganze Hendl verkauft wurden, genau wie 230.000 Paar Schweinswürstl und 79.000 Schweinshaxen.[3]

Ich tue das, offen gestanden, zu selten. Die gedankliche Trennung meiner Lebenswelt mit Straßenbahnen, Autos, Nagelstudios, Handyshops, Bücherläden und Bürogebäuden von den Höfen und Schlachtbetrieben gelingt mir ganz gut. Zumindest in den Augenblicken, in denen ich die Entscheidung für eine schnelle Mahlzeit treffe oder durch den Supermarkt mit meiner Tochter laufe, die ausgesprochen gern einkaufen geht. Für das gedankenversunkene Wenden und Wiegen jedes einzelnen Apfels, das ich hin und wieder beobachte, bleibt da wenig Zeit. Vielleicht geht es Ihnen ähnlich.

Beginnen wir also zunächst mit einem Blick in den Spiegel, wie Michael Jackson in einem unglaublich kitschigen Song der späten Achtzigerjahre forderte, der auch auf unserem Bootssteg aus dem Radio dudelte (vielleicht bissen die Fische deshalb nicht). Und prüfen dann unseren Blick auf die Landwirtschaft, wie sie ist und in Zukunft sein wird, weil sich alles andere ebenfalls wandelt: größer, schneller, digitaler. Aber auch getrieben vom unübersehbaren Wunsch vieler Menschen, Attribute wie Qualität, Auswahl und Nachhaltigkeit unter einen Hut zu bringen.

9. DANKSAGUNG

....

Jedes Buch braucht Kümmerer. Ich fand diese in Rebekka Göpfert, die nach dem Tod meiner Agentin Susan Bindermann den Entschluss fasste, mit einem Unbekannten ein Buch zu machen. Und in meinem Lektor Diedrich Steen, dem ich zu unserem ersten Treffen einen frischen »Feldkieker« aus dem Eichsfeld mitbrachte. Er fegte das Manuskript mit einem Stahlbesen mit ziemlich kurzen Borsten durch. Beiden bin ich zu großem Dank verpflichtet!

Neben den Interviewpartnern dieses Buches, allen voran Dietrich Holler, danke ich für seine Hinweise Claus Gerhard Bannick – Bodenkundler, Hechtangler, friesisches Landei und Bauer im Herzen. Genau wie denen, die mir bereits vor längerer Zeit eine Inspirationsquelle waren, etwa der Metzgermeister Paul Götz und mein Schwiegervater Albert, der von einem Hof im Allgäu stammt. Ihnen hätte ich dieses Buch sehr gern gegeben, auch sie sind zwischenzeitlich jedoch verstorben.

Ich danke meinem Nachbarn Frank »Bro« Feldmann für jede Menge Koffein in roten Dosen – und Pausengespräche über das legendäre 1988er Depeche Mode-Konzert in der Werner-Seelenbinder-Halle.

Und ich danke Nicola Leibinger-Kammüller. Sie ist nicht nur die coolste Chefin Deutschlands, wie die *BILD* einst schrieb. Sie ist auch die feinsinnigste, was die Begeisterung für Geschichte und Literatur angeht. Ohne ihren Zuspruch gäbe es dieses Buch nicht.

Vor allem aber danke ich meiner Frau und meinen beiden Kindern, die mir Schreibpausen an jenen Wochenenden gönnten, an denen wir eigentlich aufs Land gefahren wären. Und die in Liebe mittrugen, was man die Launen des Autors nennt. Obwohl man die nicht gemeinsam verbrachte Zeit nicht mehr zurückholen kann, sage ich optimistisch: Wir holen das nach!

ANMERKUNGEN

Warum ich dieses Buch schreibe

1   Hans von Storch, Werner Krauß: Die Klima-Falle. Über die gefährliche Nähe von Politik und Klimaforschung, München 2013, S. 17.
2   Joachim Müller-Jung: Schizophrenie der Zukunft, in F.A.Z., 29.8.2017.
3   Zusammen mit der Forstwirtschaft und der Fischerei. Die Industrie kommt zum Vergleich auf 30 Prozent. https://de.statista.com/statistik/daten/studie/36846/umfrage/anteil-der-wirtschaftsbereiche-am-bruttoinlandsprodukt/
4   Zusammenfassung online unter http://www.bauernverband.de/kb-september-2017
5   CDU/CSU, SPD: Ein neuer Aufbruch für Europa. Eine neue Dynamik für Deutschland. Ein neuer Zusammenhalt für unser Land. Koalitionsvertrag 2018, S. 84.
6   https://www.bmel.de/SharedDocs/Downloads/Broschueren/Landwirtschaft-verstehen. pdf?_blob=publicationFile sowie: https://www.destatis.de/DE/ZahlenFakten/Wirtschafts bereiche/LandForstwirtschaftFischerei/LandwirtschaftlicheBetriebe/ASE_Aktuell.html bzw. https://www.bmel.de/Shared Docs/Downloads/Broschueren/DatenundFakten.pdf?_blob=publicationFile

1. Die Landwirtschaft und wir

1   Michel Serres, Erfindet Euch neu! Eine Liebeserklärung an die vernetzte Generation, Berlin 2013, S. 9.
2   Deutscher Bauernverband: Situationsbericht 2017/18, S. 16.
3   Auch wenn die Auflagen mittlerweile spürbar sinken. Die Veränderung vom 4. Quartal 2016 zum 4. Quartal 2017 betrug -10 Prozent im Einzelverkauf und - 3 Prozent im Abo. http:// www.ivw.eu/aw/print/qa/titel/7440
4   Das grüne Gewissen. Wenn die Natur zur Ersatzreligion wird, München 2013.
5   Vielleicht folgende Kostprobe, nicht jeder hat einen deutschen Bauernroman aus dieser Zeit zur Hand. Es handelt sich um zwei Radioproduktionen der Jahre 1933 und 1935 aus der populären Sendereihe »Königswusterhäuser Landbote« (der Titel ist eine Anspielung auf die Kleinstadt Königswusterhausen vor den Toren Berlin):

»Du zarter Städter, spotte nicht
der schwielenvollen Hand,
sie nähret, was dein Stolz auch spricht,
dich und das ganze Land.«

Und ähnlich lautend:

»Ihr armen Städter trauert und kränkelt in der Stadt,
die euch wie eingemauert in dumpfe Kerker hat.
O wollt ihr Freude schauen, so wandelt Hand in Hand,
ihr Männer und ihr Frauen, und kommt zu uns aufs Land.«

Die Autoren sind Günter Eich und Martin Raschke. Zitiert nach: Martin Raschke (1905-1943). Leben und Werk, hg. von Wilhelm Haefs und Walter Schmitz, Dresden 2002, S. 128 und 190.

6 Katrin Zander, Folkhard Isermeyer, Doreen Bürgelt, Inken Christoph-Schulz, Petra Salamon, Daniela Weible: Erwartungen der Gesellschaft an die Landwirtschaft. Gutachten im Auftrag der Stiftung Westfälische Landschaft, Braunschweig/Münster 2013. https://www.thuenen.de/index.php?id=2578&L=0 sowie https://www.thuenen.de/media/institute/ma/Downloads/SWL_Zander_etal_2013.pdf, S. 8.

7 Nachzulesen unter: https://www.bmel.de/SharedDocs/Reden/2018/2303-Bundestag.html

8 Stefan Klein: Wider die Natur, in: Süddeutsche Zeitung vom 11./12.11.2017.

9 Nora Bauer: Landgrabbing in Deutschland? Von den Folgen einer Gesetzeslücke, Erstsendung: Deutschlandfunk, 27.2.2018.

10 https://www.tagesspiegel.de/politik/landgrabbing-in-deutschland-kaufen-spekulanten-den-osten-auf/8621948.html

11 Deutscher Bauernverband: Situationsbericht 2017/18, S. 29.

12 Siehe Monika Dunkel, Horst von Buttlar: Wie ernähren wir zehn Milliarden Menschen? Interview mit Liam Condon und Robert Habeck, in: Capital Nr. 4 (2018), S. 48-50.

13 Henning Sußebach: Deutschland ab vom Wege. Eine Reise durch das Hinterland, 2. Aufl. Reinbeck, S. 53ff.

14 Siehe dazu das Interview von Jochen Gaugele und Claudia Kade in: Die Welt vom 11.8.2013.

15 So geschehen durch Peta 2018 im Zusammenhang mit dem Rücktritt der nordrhein-westfälischen Landwirtschaftsministerin Christina Schulze Föcking – versehen mit dem Kommentar: »Erledigt«. https://blogagrar.de/meinung/peta-feiert-ruecktritt-von-schulze-foecking/

2. Das Land

1 www.statistica.com

2 Ulrich Raulff: Das letzte Jahrhundert der Pferde. Geschichte einer Trennung, 6. Aufl. München 2016, S. 13.

3 Hartmut Kaelble: Sozialgeschichte Europas. 1945 bis zur Gegenwart, München 2007, S. 190ff.

4 Dazu allgemein: Georg Meck, Bettina Weiguny: Der Eliten-Report, Berlin 2018.

5 Elizabeth Shaw: Die Landmaus und die Stadtmaus, ursprünglich im Kinderbuchverlag Berlin, hier zit. nach: Neue Geschichten, Bad Langensalza 2008.

6 Helmut Schneider: Das Ende des beschaulichen Lebens, in: Der Teckbote vom 24.3.2018, S. 38f.

7 Niklas Maak, Claudius Seidl, Carolin Wiedemann: Raus aufs Land, in: F.A.Z. Quarterly, November 2017.

8 Im Interview mit der Rheinischen Post vom 27.3.2018. http://www.rp-online.de/politik/deutschland/interview-mit-julia-kloeckner-landwirtschaftsministerin-will-staatliches-tierwohl-label-einfuehren-aid-1.7480198

3. Die Subventionen

1 David R. Montgomery: Dirt. The Erosion of Civilizations, 2007.

2 Der EU-Haushalt beläuft sich auf 160,1 Mrd. Euro bei den sogenannten Mitteln für Verpflichtungen (also Mittel, die in einem bestimmten Jahr vertraglich zugesagt werden können) und 144,7 Mrd. Euro bei den Mitteln für Zahlungen (Beträge, die dann tatsächlich ausgezahlt werden). Nicht ganz trivial – siehe dazu: https://ec.europa.eu/germany/news/20171120-eu-haushalt-2018_de

3 2016 lag die Zahl bei 6,4 Milliarden Euro. Siehe: https://www.bmel.de/DE/Landwirtschaft/Foerderung-Agrarsozialpolitik/_Texte/VeroeffentlichungEUZahlungen.html

4   Henning Nordmeyer, Lena Ulber: Tagungsband 28. Deutsche Arbeitsbesprechung über Fragen der Unkrautbiologie und -bekämpfung, 27.2.–1.3.2018 in Braunschweig, Julius-Kühn-Archiv 458, S. 25, 35.
5   Man muss im Internet etwas suchen, um zu Statistiken der Gesamtbilanz zu kommen, die ersten Google-Treffer gehören, wen wundert's, den Erneuerbaren-Branchenverbänden. Ich ziehe lieber die offiziellen Zahlen des Bundeswirtschaftsministeriums sowie des wichtigsten übergreifenden Branchenverbandes in Deutschland, des BDEW heran: https://www.bmwi.de/Redaktion/DE/Dossier/erneuerbare-energien.html, https://www.bdew.de/media/documents/Bruttostromerz-D-2017-online_o_jaehrlich_Ki_18052018.pdf
6   Siehe: http://www.deutschlandfunk.de/55-jahre-agrarpolitik-in-europa-butterberge-und-bauernsorgen.724.de.html?dram:article_id=388714
7   Einen umfassenden Überblick über die GAP findet man beispielsweise hier: https://www.bmel.de/DE/Landwirtschaft/Agrarpolitik/_Texte/GAP-Geschichte.html
8   Christiane Grefe und Fritz Habekuß: »Die Verschwendung ist ein Skandal«, Interview mit Harald Grethe, in: Die Zeit, Nr. 4, 18.1.2018, S. 36.
9   https://www.bmel.de/DE/Landwirtschaft/Agrarpolitik/_Texte/GAP-Geschichte.html
10   https://www.topagrar.com/news/Home-top-News-EU-Agrarkommissar-Hogan-will-Umwelt-und-Familienbetriebe-staerker-schuetzen-9197108.html

4. Die Tiere

1   Robert Habeck: Wer wagt, beginnt. Die Politik und ich, Köln 2016, S. 228.
2   Diesem Film habe ich auch die Information zu Licht und Panflötenmusik entnommen. https://www.zdf.de/dokumentation/37-grad/unser-taeglich-tier-huehnchen-massenproduktion-in-100.html#xtor=CS5-4
3   Barbara Klingbacher: Der letzte Gang, in: NZZ Folio, April 2017.
4   Kinderzeichnungen aus Afrika und Deutschland. Tierärzte ohne Grenzen, 2001.
5   In Dänemark setzt die Regierung auf ein gestuftes Label mit – je nach Einstufung – ein, zwei oder drei grünen Herzen, das man nach den Schweinen nun auch bei Geflügel anwenden will. Auch wenn der Marktanteil der verkauften Produkte bislang unter 5 Prozent liegt. Siehe (und höre) dazu auch: Carsten Schmiester: Dänisches Tierwohl-Label: Drei Herzen für glückliche Schweine, in: Deutschlandfunk am 31.5.2018.
6   Paul-Heinz Wesjohann ist der Vater und Namensgeber der PHW-Gruppe, er baute das Unternehmen zusammen mit seinem Bruder Erich auf. Peter und Felix sind dessen Söhne und beide in der heutigen Geschäftsführung. http://www.phw-gruppe.de/mitarbeiter.html
7   Sebastian Balzter: Herr der Hühner, in: F.A.Z., 11.10.2015.
8   Legt man zugrunde, dass knapp 2 Millionen Zuchtsauen rund 40 Millionen Ferkel erzeugen.
9   Das grüne Gewissen, S. 154.
10   Bernd Heyden: Berlin – Ecke Prenzlauer. Fotografien 1966–1980, Berlin 2009; Jürgen Graetz und Beate Teubert: Stadt Land Leben. Fotografien aus der DDR 1967–1992, Halle 2014. Hier insbesondere: http://www.spiegel.de/fotostrecke/ddr-alltag-fotografien-von-juergen-graetz-fotostrecke-117401-17.html
11   Martin Mosebach: Wiedersehen mit Rom, in: Sinn und Form 3/2018, S. 294.
12   Thomas Macho: Schweine, Berlin 2017.
13   Siehe dazu Volker Koesling: Messen, was wir essen. Industrielle Produktion und Lebensmittelsicherheit, in: Deutsches Technikmuseum Berlin, 4/2017, S. 4ff.
14   »Stadt und Land – Zukunft (gem)einsam gestalten«. Veranstaltung des Wirtschaftsrates Niedersachsen auf dem Hof von Victor Thole, 26.10.2017. https://www.youtube.com/watch?v=pGX0HjXEYOO&list=PLlfFl1ejn7Dwpc32RzMRx4XUDyLRRvD1V&index=7

15   Siehe dazu auch den Beitrag von Athanassios Kaliudis im Magazin Laser Community 24. Mai 2017.
16   Koalitionsvertrag, S. 88.
17   Siehe dazu die Veröffentlichungen des BDM beziehungsweise den Situationsbericht 2017/18.
18   Harald Welzer: Selbst denken. Eine Anleitung zum Widerstand, Frankfurt am Main 2013.

5. Die Pflanzen

1   Claudia Ehrenstein: Der Glyphosat-Streit ist noch lange nicht vorbei, in: Die Welt, 12.12.2017. https://www.welt.de/politik/deutschland/article171533767/Der-Glyphosat-Streit-ist-laengst-noch-nicht-vorbei.html
2   Johann G. Zeller: Unser täglich Gift. Pestizide – die unterschätzte Gefahr, Wien 2018, S. 212.
3   So der an Bayer-Vorstand Liam Condon gerichtete Kommentar zur Übernahme von Monsanto in Capital Nr.4 (2018), S. 48-50.
4   Zitiert nach Jens Glüsing, Roland Nelles, Michaela Schießl: Monster-Hochzeit, in: Der SPIEGEL, Nr. 13, 24.3.2018, S. 78.
5   Siehe auch: https://www.topagrar.com/news/Acker-Agrarwetter-Ackernews-Glyphosat-Fronten-bewegen-sich-aber-keine-definitive-Entscheidung-in-Sicht-8899578.html
6   Siehe zum Stand der Debatte auch den oben zitierten Band des JKI 2018.
7   https://www.umweltbundesamt.de/themen/chemikalien/pflanzenschutzmittel/glyphosat
8   Dies war bei Redaktionsschluss des Buches zumindest Stand der Dinge. Siehe auch: https://www.handelsblatt.com/unternehmen/handel-konsumgueter/stuehleruecken-im-bahn-aufsichtsrat-christian-schmidt-und-eckhardt-rehberg-werden-neue-bahn-aufseher/22625580.html?ticket=ST-1002265-JZRblFbmnpiTXA7Bn4Sc-ap1
9   Kathrin Zinkant: Die Neuzulassung von Glyphosat ist richtig, in: Süddeutsche Zeitung, 28.11.2017.
10   Zum Weiterlesen: Jan Grossarth: Die Vergiftung der Erde. Metaphern und Symbole agrar-politischer Diskurse seit Beginn der Industrialisierung, Frankfurt am Main 2018.
11   Joachim Radkau: Die Ära der Ökologie. Eine Weltgeschichte, München 2011.
12   Susanne Dohrn: Das Ende der Natur. Die Landwirtschaft und das stille Sterben vor unserer Haustür, Berlin 2017, S. 203.
13   Ortwin Renn: Das Risikoparadox. Warum wir uns vor dem Falschen fürchten, Frankfurt am Main 2014, S. 95.
14   Alexander Neubacher:»Total tödlich, aber bio«: Interview mit Andreas Hensel in: Der SPIEGEL 11/2016.
15   Von allem anderen (»bei uns auf dem Land...«) einmal abgesehen. Dass »Landliebe« die Kernmarke einer der weltweit größten Molkereigenossenschaften ist, der niederländischen Royal FrieslandCampina mit 10 Milliarden Euro Jahresumsatz, 20.000 Mitarbeitern und rund 1.000 bäuerlichen Zulieferbetrieben allein in Deutschland, muss man dem Milchtrinker früh-morgens auch nicht gleich unter die Nase reiben.
16   Christiane Nüsslein-Vollhardt: Grüne Gentechnik und die Freiheit der Forschung. Rede für den Preis der Gregor Mendel Stiftung an Andreas Sentker 4.4.2011, Akademie der Künste, Berlin. Zum Nachlesen: http://www.gregor-mendel-stiftung.de/fileadmin/files/down-loads/2011-04-04_Vortrag_Nuesslein-Volhard.pdf
17   Neue Zeiten. Neue Antworten. Impulspapier des Bundesvorstandes zum Startkonvent für die Grundsatzprogrammdebatte von Bündnis 90/Die Grünen, 6.4.2018.
18   https://www.kba.de/DE/Statistik/Fahrzeuge/Bestand/FahrzeugklassenAufbauarten/b_fzkl_zeitreihe.html
19   Julia Koch: Hilfe, mein Sohn hat Husten!, in: Der SPIEGEL, 15.6.2018.

20 Christoph Schäfer: »Das Artensterben kostet drei Billionen Euro«, Interview mit Volker Mosbrugger in: F.A.Z., 25.3.2018.
21 https://www.br.de/themen/wissen/weltbienentag-bienen-bienensterben-100.html
22 Siehe dazu http://www.sueddeutsche.de/politik/pestizide-glyphosat-toetet-alles-was-gruen-ist-1.3934493
23 Christiane Grefe, Jens Tönnesmann: Wie gefährlich ist Monsanto? Interview mit Jörg-Andreas Krüger und Helmut Schramm, in: Die ZEIT, 30.3.2018, S. 28-29.
24 Umweltatlas Berlin, Kapitel 01.02: Versiegelung, Ausgabe 2017.
25 F.A.Z. vom 26.3.2018.
26 Kerstin Viering: Die Schattenseiten des Lichts, in: Spektrum der Wissenschaft online. https://www.spektrum.de/news/lichtverschmutzung-bedroht-insekten/1423701
27 Susanne Donner: Tödliches Schwirren, in: Der Tagesspiegel, 2.2.2018.

6. Die Öffentlichkeit

1 Was man nicht ohne Stolz gleich zu Beginn erwähnt. Siehe: http://www.umweltinstitut.org/aktuelle-meldungen/meldungen/glyphosat-in-deutschen-bieren.html
2 Alexander Neubacher, a.a.O.
3 Siehe dazu auch den Artikel von Patrick Bernau, Rainer Hank, Winand von Petersdorff: In eigener Sache, in: F.A.Z. vom 10.8.2014. http://www.faz.net/aktuell/wirtschaft/unternehmen/zeitungen-in-der-krise-medienwandel-und-internet-13089556-p9.html
4 Siehe Jan Grossarth: Insektensterben als Medienhysterie? in: F.A.Z., 14.11.2017.
5 https://sciencefiles.org/2017/10/19/das-grosse-insektensterben-oder-doch-nicht/
6 http://journals.plos.org/plosone/article?id=10.1371/journal.pone.0185809
7 Joachim Müller-Jung: »Wir befinden uns mitten in einem Albtraum«, zuerst auf: faz.net, 17.10.2017.
8 »Wir sind auf dem Weg zur Empörungsdemokratie«, Interview mit Berhard Pörksen, in: NZZ, 15.2.2018. »Die große Gereiztheit« ist auch der Titel eines 2018 vom selben Autor erschienenen Buches bei Hanser, München.
9 Hermann Diels (1911): Wissenschaft und Prophezeiung, in: Internationale Monatsschrift für Wissenschaft, Kunst und Technik 6 (1911), Nr. 1, S. 3.
10 https://www.leopoldina.org/uploads/tx_leopublication/2018_Diskussionspapier_Pflanzen schutzmittel.pdf
11 Thomas Petersen: Die Deutschen und der Fortschritt, in: Fortschritt nutzen – Zukunft gestalten. Für eine moderne, nachhaltige Landwirtschaft. DLG-Wintertagung 2015, S. 60.
12 Rudolf Steiner (1962): Goethes naturwissenschaftliche Schriften [1926], hier zit. nach der Ausgabe Stuttgart, S. 216.
13 Vgl. Möller: Das grüne Gewissen, S. 44.
14 Moritz Freiherr Knigge: Spielregeln. Wie wir miteinander umgehen sollten, Bergisch Gladbach 2004, S. 35.
15 Siehe dazu grundlegend Armin Grunwald: Wider die Privatisierung der Nachhaltigkeit. Warum ökologisch korrekter Konsum die Umwelt nicht retten kann, in: GAIA 19/3 (2010).
16 Dem aktuellen Bundestagsausschuss Ernährung und Landwirtschaft gehören unter dem Vorsitz des Abgeordneten Alois Gerig von der CDU 38 Mitglieder an. Davon stellen CDU/CSU 13 Mitglieder, die SPD 8 Mitglieder, die AfD 5, FDP, Die Linke und Bündnis 90/Die Grünen stellen jeweils 4 Mitglieder. https://www.bundestag.de/ausschuesse/a10_Ernaehrung_Landwirt schaft/vorstellung/550572
17 Michael Bauchmüller: Erntedank, in: Süddeutsche Zeitung vom 23.8.2017.

7. Zehn Vorschläge für eine bessere Kommunikation von Landwirtschaft und Gesellschaft

1   Nachzusehen unter https://www.youtube.com/watch?v=w6ztE4h6NKc
2   https://twitter.com/JuliaKloeckner, 11.4.2018, 3:31 Uhr.
3   In ersten Ansätzen existieren entsprechende Demo-Projekte bereits, etwa das F.R.A.N.Z.-Projekt. https://www.franz-projekt.de/

8. Zusammenfassung und Ausblick

1   Torben Müller: Wurst für die Welt, in: brandeins 2/2018.
2   Andreas Möller: Die Verheißung des Unerprobten, in: CICERO online, 4.9.2017, Link: https://www.cicero.de/kultur/sprache-im-wandel-die-verheissung-des-unerprobten
3   http://www.wiesn2.de/wiesnportal/info_10-daten-zahlen_oktoberfest.htm

Bibliografische Information der Deutschen Nationalbibliothek
Die Deutsche Nationalbibliothek verzeichnet diese Publikation
in der Deutschen Nationalbibliografie; detaillierte bibliografische
Daten sind im Internet über https://portal.dnb.de abrufbar.

Klimaneutral
Druckprodukt
climate-id.com/12559-1708-1001

Verlagsgruppe Random House FSC® N001967

2. Auflage, 2019
Copyright © 2018 Gütersloher Verlagshaus, Gütersloh,
in der Verlagsgruppe Random House GmbH,
Neumarkter Str. 28, 81673 München

Umschlagmotive: pixabay.com
Druck und Bindung: GGP Media GmbH, Pößneck
Printed in Germany
ISBN 978-3-579-08724-5

www.gtvh.de